U0157372

普通高等教育"十四五"系列教材

岩土工程中的有限单元法：原理与程序

张巍　编著

中国水利水电出版社

www.waterpub.com.cn

·北京·

内 容 提 要

  本书从内容上共分为 8 章。第 1 章为绪论，介绍岩土工程问题和有限单元法的基本概念。第 2 章和第 3 章简要介绍与岩土工程密切相关的弹塑性力学的基础知识。第 4 章介绍土的简单弹塑性本构模型及其数值积分。第 5 章至第 8 章介绍岩土工程中的有限单元法及其编程，第 5 章从弹性问题的有限元分析讲起，第 6 章讲解弹塑性问题，第 7 章讲解渗流问题，第 8 章讲解渗流-应力耦合问题。每类问题均给出了对应的有限元计算详细格式，并配有 MATLAB 程序代码。

  本书可作为土木水利类专业高年级本科生或研究生教材，也可作为相关专业的教辅材料。

图书在版编目（ＣＩＰ）数据

  岩土工程中的有限单元法 ： 原理与程序 / 张巍编著
. -- 北京 ： 中国水利水电出版社，2022.11
  普通高等教育"十四五"系列教材
  ISBN 978-7-5226-1049-8

  Ⅰ．①岩… Ⅱ．①张… Ⅲ．①有限元法－应用－岩土工程－高等学校－教材 Ⅳ．①TU4

  中国版本图书馆CIP数据核字(2022)第192029号

	普通高等教育"十四五"系列教材
书　　名	**岩土工程中的有限单元法：原理与程序** YANTU GONGCHENG ZHONG DE YOUXIAN DANYUANFA：YUANLI YU CHENGXU
作　　者	张　巍　编著
出版发行	中国水利水电出版社 （北京市海淀区玉渊潭南路 1 号 D 座　100038） 网址：www.waterpub.com.cn E-mail：sales@mwr.gov.cn 电话：(010) 68545888（营销中心）
经　　售	北京科水图书销售有限公司 电话：(010) 68545874、63202643 全国各地新华书店和相关出版物销售网点
排　　版	中国水利水电出版社微机排版中心
印　　刷	天津嘉恒印务有限公司
规　　格	184mm×260mm　16 开本　7.5 印张　183 千字
版　　次	2022 年 11 月第 1 版　2022 年 11 月第 1 次印刷
印　　数	0001—2000 册
定　　价	**32.00 元**

前　言

　　随着信息技术的飞速发展，科学计算成为平行于理论研究与科学实验的科学研究基本手段。对于岩土工程问题而言，由于岩土材料的非均质、非线性特征与复杂的加载历程及边界条件，一般难以直接应用解析方法进行求解。自20世纪60年代以来，随着计算机技术和数值方法的发展，岩土工程数值方法与计算岩土力学逐渐成为了岩土工程研究领域十分活跃的一个分支。

　　岩土工程数值方法可分为两大类：第一类方法基于非连续介质力学，代表性方法包括离散单元法（DEM：Discrete Element Method）和非连续变形分析（DDA：Discontinuous Deformation Analysis）；第二类方法基于连续介质力学，代表性方法为有限单元法（FEM：Finite Element Method）和有限差分法（FDM：Finite Difference Method）。在众多数值方法中，有限单元法具有理论成熟、计算高效、性能稳定等优点，是岩土工程中应用最为广泛的方法。

　　采用商业软件虽能开展有限元分析，但受限于商业软件自身的设计框架，即使是进行二次开发，有时也难以应对复杂岩土工程问题的求解，因此目前国内外许多团队都编制有自己的岩土工程有限元计算程序。笔者与很多工科学生一样，在刚开始接触有限元编程时，发现虽然相关参考书很多，但这些参考书一般是由具有力学专业背景的人编著，理论比较深奥，需要花费大量的精力才能理解其中的意思。另外，为编制岩土工程问题的有限元分析程序，除有限元法的基本理论外，还涉及一系列基础理论知识（包括弹性力学、塑性力学、土力学等），以及程序设计的基础知识。这些基础知识独立来看都可以成为一门课程，极大提高了有限元编程的门槛。于是笔者就想写一本让读者易懂的有限元方面的教材，让学生能较快地掌握有限元的基本原理和方法，并能针对具体的岩土工程问题编制相应的有限元程序进行求解，乃至开展以数值模拟为手段的科学研究。

本教材旨在针对岩土工程有限元分析，为学生提供一本实用、系统、前沿的教材，使学生能尽快掌握有限单元法的基本理论、基本知识和基本方法，初步具备编制有限元程序对实际岩土工程问题进行数值计算的能力，从而面向学术前沿开展相关科学计算研究。

本教材在编写过程中，参考了一些相关经典教材，笔者对此深表感谢。由于笔者水平有限，书中难免存在错漏和不足之处，欢迎广大读者对书中的内容多提宝贵意见，可发邮件至笔者邮箱 zhangwei@scau.edu.cn。

作者
2022 年 5 月

目　录

第 1 章 绪 论

1.1 岩土工程及其数值分析

岩土工程是一门综合应用岩石力学、土力学、工程地质的基本知识和手段来解决工程实际建设中的有关岩体、土体变形及稳定问题的学科。它的任务主要是在复杂的地质条件、自然环境和人类活动中确保岩体和土体不会因强度不足或变形过大，而使岩土体本身发生局部或整体的失稳破坏，或与岩土体密切相依的建（构）筑物失去正常运营的条件或丧失工程功能。在房屋、市政、能源、水利、道路、航运、矿山、国防等各种建设领域中，岩土工程都占有十分重要的地位。常见的岩土工程有地下空间与地下工程、地基与基础工程、边坡与基坑工程等。

岩土工程的研究对象是岩体和土体。岩土体是自然、历史的产物，具有下述特性：①岩土体在其形成和存在的整个地质历史过程中，经受了各种复杂的地质作用，因而有着复杂的结构和地应力场环境。②岩土体性质区域性强，不同地区不同类型的岩土体，由于经历的地质作用过程不同，其工程性质往往具有很大的差别，即使同一场地同一地层，沿深度和水平方向变化也很复杂。③岩土体具有结构性，其力学特性十分复杂与岩土体的矿物成分、形成历史、应力历史和环境条件等因素有关。④岩土体的应力-应变关系与应力路径、加荷速率、应力水平、成分、结构、状态等有关，岩土体还具有剪胀性、各向异性等，因此，岩土体的本构关系十分复杂。⑤岩土体是多相体，一般由固相、液相和气相三相组成，这三相有时很难区分，而且处不同状态时，三相之间可以相互转化。正是这种具有复杂工程性质与力学行为的岩土体构成了高层建筑、高耸电视塔、深水海洋平台、核电站、高速公路、机场跑道的地基基础，构成了深埋地下洞室、高挡水拱坝的赋存环境，构成了高土石填筑坝等结构的建筑材料。

岩土工程的基本问题是岩土体的稳定、变形和渗流问题。为进行岩土工程问题的分析，需通过试验测定岩土体的强度特性、变形特性和渗透特性。然而，想要通过试验准确测定岩土体特性十分困难。对室内试验而言，由于原状试样的代表性、取样过程中不可避免的试样扰动以及初始应力的释放、试验边界条件与实际情况不同等因素，试验结果与工程中岩土体的实际性状存在差异。对原位试验而言，现场测点的代表性、埋设测试元件时对岩土体的扰动，以及测试方法的可靠性等因素也难免带来误差。岩土体自身材料特性的复杂性，以及准确测定岩土体材料特性的困难性，决定了岩土工程学科的特殊性。岩土工程是一门应用科学，在岩土工程分析时，不仅需要综合运用岩石力学、土力学、工程地质的理论知识，还需要重视工程实践与工程经验。

在岩土工程分析中，人们常常用简化的物理模型去描述复杂的工程问题，再将其转化为数学问题并用数学方法求解。采用连续介质力学模型求解工程问题一般包括下述方程：①运动微分方程；②几何方程；③本构方程。对于具体工程问题，根据其边界条件和初始条件求解上述方程即可得到岩土工程问题的解。由于实际岩土工程问题的复杂性，一般需要采用数值方法进行求解。随着计算机技术和数值计算方法的迅速发展，数值分析技术在指导岩土工程设计和施工中发挥着越来越重要的作用。利用数值分析，不仅可以优化岩土工程的设计方案，而且可以在施工过程中，利用监测数据进行反馈分析，提高设计及施工方案的合理性和经济性。

近年来，岩土工程数值方法得到了迅速发展，出现了大量的数值模拟方法，如有限单元法（FEM：Finite Element Method）、有限差分法（FDM：Finite Difference Method）、边界元法（BEM：Boundary Element Method）、刚体弹簧模型（RBSM：Rigid-Body-Spring Model）、无网格法（MM：Mesh-free Method）、物质点法（MPM：Material Point Method）、离散单元法（DEM：Discrete Element Method）、非连续变形分析（DDA：Discontinuous Deformation Analysis）、数值流形法（NMM：Numerical Manifold Method）等。在众多数值方法中，有限单元法经过半个多世纪的发展，其理论体系与应用已经较为成熟，是岩土工程中应用最为广泛的数值方法。

1.2 有限单元法的基本概念

有限单元法是求解场问题数值解的一种方法。场问题需要确定的是一个或多个物理量的空间分布。在数学上，场问题可用微分方程进行描述，称该微分方程为场问题的控制方程。

有限单元法的基本求解思想是把计算域划分为有限个互不重叠的单元，在每个单元内，选择一些合适的节点作为求解函数的插值点，将微分方程中的变量改写成由各变量或其导数的节点值与所选用的插值函数组成的线性表达式，借助变分原理或加权余量法，将场问题的微分方程离散求解。

用有限单元法求解问题包括以下几个步骤：

1. 查明问题

求解问题的第一步是弄清问题的物理性质。例如，需要求解的节点未知物理量是什么，这关系到问题的建模；是否包含非线性问题，这关系到是否要采用迭代算法。

对于岩土工程问题而言，常见的问题有弹塑性问题、渗流问题、耦合问题等。其中，弹塑性问题的节点未知物理量是位移，渗流问题的节点未知物理量一般是孔隙水压力，耦合问题的节点未知物理量一般是位移和孔隙水压力。

2. 建立数学模型

弄清问题的物理性质后，可建立问题的数学模型。数学模型是一个理想化的描述物理问题的模型。在建立数学模型的过程中，需对物理问题中的大量细节加以简化，但必须保留物理问题的所有本质特征，使建立的数学模型既不至于太复杂，又能满足求解实际问题的精度要求。

例如，岩土工程问题中，为描述岩土体的本构关系，人们建立了大量的本构模型，其类别主要包括弹性模型、非线性弹性模型、弹塑性模型、亚塑性模型、黏弹性模型、黏弹塑性模型、边界面模型、多重屈服面模型、损伤模型、结构性模型等。但由于岩土体力学特性的复杂性，这些模型只能反映岩土体的一部分力学特征，不存在通用的本构模型，因此需根据解决问题的需要选择合适的本构模型。

又如，岩土工程问题，一般为三维问题。在许多情况下岩土工程问题可简化为平面应变问题，此时建立的数学模型可相应简化。

3. 离散化

离散化包含两方面的离散化：一是问题域的离散化，将问题域划分成有限个互不重叠的单元，用有限个节点和每个单元内的简单插值确定的分片连续场来近似代表一个完整连续的物理场；二是控制方程的离散化，借助变分原理或加权余量法，场问题的微分方程可转化为线性方程组，并可表示为规范化的矩阵形式。不同的问题类型，微分方程不同，每种微分方程都有对应的有限元求解方程。

4. 有限元求解

采用数值方法求解有限元代数方程组，可得到节点未知量的解，进而得到场问题的解。

1.3 课程的内容

第 1 章介绍岩土工程问题和有限单元法的基本概念。

第 2 章简要介绍弹性力学的基础知识。

第 3 章简要介绍与岩土工程密切相关的塑性力学的基础知识。

第 4 章介绍土的简单弹塑性本构模型及其数值积分。

第 5 章讲解弹性问题的有限元分析。

第 6 章讲解弹塑性问题的有限元分析。

第 7 章讲解渗流问题的有限元分析。

第 8 章讲解渗流-应力耦合问题的有限元分析。

第2章 弹性力学基础

2.1 应力分析

2.1.1 一点的应力状态

考察一物体所受的外力作用，根据作用域的不同，外力可分为体积力和表面力。体积力是指分布在物体内部体积上的外力，如重力、惯性力等；表面力是指作用在物体表面上的外力，如液体的压力、固体间的接触力等。

物体受外力作用后，其内部不同部分之间将产生相互作用的力，即内力。为了描述内力场，Cauchy 引进了应力这一重要概念。在笛卡尔坐标系下，描述一点的应力状态共有 9 个分量（图 2-1），统称为一点的应力分量，用矩阵形式表示可写为

$$\begin{bmatrix} \sigma_{xx} & \tau_{xy} & \tau_{xz} \\ \tau_{yx} & \sigma_{yy} & \tau_{yz} \\ \tau_{zx} & \tau_{zy} & \sigma_{zz} \end{bmatrix}$$

该应力矩阵中每个应力分量有两个下标，前一个下标代表作用面的外法线方向，后一个下标代表应力的作用方向。由于

$$\left. \begin{array}{l} \sigma_x = \sigma_{xx}, \ \sigma_y = \sigma_{yy}, \ \sigma_z = \sigma_{zz} \\ \tau_{xy} = \tau_{yx}, \ \tau_{xz} = \tau_{zx}, \ \tau_{yz} = \tau_{zy} \end{array} \right\} \quad (2-1)$$

因此一点的应力状态有 6 个独立的应力分量 σ_x、σ_y、σ_z、τ_{xy}、τ_{xz}、τ_{yz}。

应力分量的正向的规定：当微分面外法向和坐标轴的正方向一致时，该微分面上的应力分量指向坐标轴正向，反之则指向坐标轴的负向。如图 2-1 所示的所有应力分量均为正。

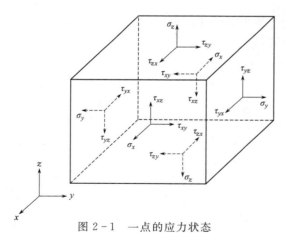

图 2-1 一点的应力状态

使用张量记法，应力张量可简记 σ_{ij}（i，j=1，2，3），或进一步简记为 $\boldsymbol{\sigma}$。

σ_{ij} 为二阶张量，且有 $\sigma_{11} = \sigma_x$，$\sigma_{22} = \sigma_y$，$\sigma_{33} = \sigma_z$，$\sigma_{12} = \tau_{xy}$，$\sigma_{23} = \tau_{yz}$，$\sigma_{31} = \tau_{zx}$。

根据二阶张量性质，当原坐标系（x，y，z）绕原点转动形成新的坐标系（x'，y'，z'）时，新坐标系下的应力分量可由原坐标系下的应力分量和转换矩阵确定并按下式计算：

$$\begin{bmatrix} \sigma'_x & \tau'_{xy} & \tau'_{xz} \\ \tau'_{yx} & \sigma'_y & \tau'_{yz} \\ \tau'_{zx} & \tau'_{zy} & \sigma'_z \end{bmatrix} = \boldsymbol{\beta} \begin{bmatrix} \sigma_x & \tau_{xy} & \tau_{xz} \\ \tau_{yx} & \sigma_y & \tau_{yz} \\ \tau_{zx} & \tau_{zy} & \sigma_z \end{bmatrix} \boldsymbol{\beta}^{\mathrm{T}} \quad (2-2)$$

式中，$\boldsymbol{\beta}$ 为转换矩阵，按下式计算：

$$\boldsymbol{\beta} = \begin{bmatrix} l_1 & m_1 & n_1 \\ l_2 & m_2 & n_2 \\ l_3 & m_3 & n_3 \end{bmatrix} \qquad (2-3)$$

式中：l_i、m_i、n_i（$i=1$，2，3）为 x'_i 轴对原坐标系各轴的方向余弦。

使用张量记法，式（2-2）可表示为

$$\sigma'_{ij} = \beta_{im} \beta_{jn} \sigma_{mn} \qquad (2-4)$$

过一点作任意一个斜面，设斜面的外法线单元矢量为 n，它在坐标轴上的投影分量分别为 l、m、n，则该斜面上的应力矢量按下式计算：

$$\begin{Bmatrix} T_x \\ T_y \\ T_z \end{Bmatrix} = \begin{bmatrix} \sigma_x & \tau_{xy} & \tau_{xz} \\ \tau_{yx} & \sigma_y & \tau_{yz} \\ \tau_{zx} & \tau_{yz} & \sigma_z \end{bmatrix} \begin{Bmatrix} l \\ m \\ n \end{Bmatrix} \qquad (2-5)$$

式（2-5）就是著名的 Cauchy 公式，又称斜面应力公式。使用张量记法，式（2-5）可表示为

$$T_i = \sigma_{ij} n_j \qquad (2-6)$$

斜面上的正应力 σ_n 是应力矢量 $\boldsymbol{T}$ 在其外法线方向上的投影，因此有

$$\sigma_n = \boldsymbol{T} \cdot \boldsymbol{n} = \{ T_x \quad T_y \quad T_z \} \{ l \quad m \quad n \}^{\mathrm{T}} \qquad (2-7)$$

斜面应力矢量 $\boldsymbol{T}$ 的大小为

$$|\boldsymbol{T}| = \sqrt{T_x^2 + T_y^2 + T_z^2} \qquad (2-8)$$

则斜面上的切应力分量的大小为

$$\tau_n = \sqrt{|\boldsymbol{T}|^2 - \sigma_n^2} \qquad (2-9)$$

根据斜面应力公式［式（2-5）～式（2-9）］，给定一点的应力状态，在所有斜面上存在这样的面。该面上只有正应力作用，而切应力为零，即该面上的应力矢量 $\boldsymbol{T}$ 只有沿法线方向的分量。该分量称为主应力，相应的法线称为应力主轴。由于应力分量为实数，应力张量为实对称张量，因此一点的应力矩阵为实对称矩阵。根据线性代数中有关实对称矩阵特征值、特征向量的性质，可确定应力主轴存在。因此求一点的主应力问题就变成求应力矩阵的特征值和特征向量问题，即

$$|\sigma_{ij} - \lambda \delta_{ij}| = 0 \qquad (2-10)$$

展开可得一个一元三次方程，数学上称该方程为特征方程

$$\lambda^3 - I_1 \lambda^2 + I_2 \lambda - I_3 = 0 \qquad (2-11)$$

其中
$$I_1 = \sigma_x + \sigma_y + \sigma_z \qquad (2-12)$$

$$I_2 = \begin{vmatrix} \sigma_y & \tau_{yz} \\ \tau_{zy} & \sigma_z \end{vmatrix} + \begin{vmatrix} \sigma_x & \tau_{xz} \\ \tau_{zx} & \sigma_z \end{vmatrix} + \begin{vmatrix} \sigma_x & \tau_{xy} \\ \tau_{yx} & \sigma_y \end{vmatrix} = (\sigma_x \sigma_y + \sigma_y \sigma_z + \sigma_z \sigma_x) - (\tau_{xy}^2 + \tau_{yz}^2 + \tau_{zx}^2)$$

$$(2-13)$$

$$I_3 = \begin{vmatrix} \sigma_x & \tau_{xy} & \tau_{xz} \\ \tau_{yx} & \sigma_y & \tau_{yz} \\ \tau_{zx} & \tau_{yz} & \sigma_z \end{vmatrix} = \sigma_x \sigma_y \sigma_z + 2\tau_{xy}\tau_{yz}\tau_{zx} - \sigma_x \tau_{yz}^2 - \sigma_y \tau_{zx}^2 - \sigma_z \tau_{xy}^2 \quad (2-14)$$

式中：I_1 为 σ_{ij} 的对角项之和；I_2 为 σ_{ij} 的对角项的余子式之和；I_3 为 σ_{ij} 的行列式。

使用张量记法，I_1、I_2、I_3 可表示为

$$I_1 = \sigma_{ii} = \mathrm{tr}\boldsymbol{\sigma} \quad (2-15)$$

$$I_2 = \frac{1}{2}(\sigma_{ii}\sigma_{jj} - \sigma_{ij}\sigma_{ji}) \quad (2-16)$$

$$I_3 = \det(\boldsymbol{\sigma}) \quad (2-17)$$

式中：I_1、I_2、I_3 为应力张量的三个不变量。将它们代入式（2-11），解一元三次方程得到三个实根，就是所求应力矩阵的特征值，即主应力。相对于每个特征值的特征向量则为应力矩阵的三个主方向，即主应力方向。知道了一点的主应力后，该点的应力状态可用主应力张量表示。取主平面为三个坐标面，有

$$\sigma_{ij} = \begin{bmatrix} \sigma_1 & 0 & 0 \\ 0 & \sigma_2 & 0 \\ 0 & 0 & \sigma_3 \end{bmatrix} \quad (2-18)$$

一点的应力状态可分解为静水压力状态和偏应力状态。静水压力状态是指微六面体的每个面上只有正应力作用，正应力大小均为平均应力，即 $\sigma_m = \frac{1}{3}(\sigma_x + \sigma_y + \sigma_z)$，而切应力为零。

$$\begin{bmatrix} \sigma_x & \tau_{xy} & \tau_{xz} \\ \tau_{yx} & \sigma_y & \tau_{yz} \\ \tau_{zx} & \tau_{yz} & \sigma_z \end{bmatrix} = \begin{bmatrix} \sigma_x - \sigma_m & \tau_{xy} & \tau_{xz} \\ \tau_{yx} & \sigma_y - \sigma_m & \tau_{yz} \\ \tau_{zx} & \tau_{yz} & \sigma_z - \sigma_m \end{bmatrix} + \begin{bmatrix} \sigma_m & 0 & 0 \\ 0 & \sigma_m & 0 \\ 0 & 0 & \sigma_m \end{bmatrix} \quad (2-19)$$

使用张量记法，可表示为

$$\sigma_{ij} = s_{ij} + \delta_{ij}\sigma_m \quad (2-20)$$

式中：s_{ij} 为应力偏张量，$\delta_{ij}\sigma_m$ 为应力球张量。

应力球张量仅改变物体的体积而不改变物体的形状，而应力偏张量仅改变物体的形状不改变其体积。类似于应力张量，应力偏张量也有三个不变量 J_1、J_2、J_3。

$$J_1 = s_x + s_y + s_z = \sigma_x + \sigma_y + \sigma_z - 3\sigma_m$$
$$= s_1 + s_2 + s_3 = 0 \quad (2-21)$$

$$J_2 = \frac{1}{2}(s_x^2 + s_y^2 + s_z^2 + 2s_{xy}s_{yx} + 2s_{xz}s_{zx} + 2s_{yz}s_{zy})$$
$$= \frac{1}{6}[(\sigma_x - \sigma_y)^2 + (\sigma_y - \sigma_z)^2 + (\sigma_z - \sigma_x)^2] + (\tau_{xy}^2 + \tau_{yz}^2 + \tau_{zx}^2)$$
$$= \frac{1}{2}(s_1^2 + s_2^2 + s_3^2) \quad (2-22)$$

$$J_3 = s_x s_y s_z + 2s_{xy}s_{yz}s_{zx} - s_x s_{yz}^2 - s_y s_{zx}^2 - s_z s_{xy}^2$$
$$= \frac{1}{3}(s_1^3 + s_2^3 + s_3^3) = s_1 s_2 s_3 \quad (2-23)$$

根据上述理论,基于张量和矩阵表述,相应计算程序如下。

1. 子程序 section _ stress

源代码位置:程序 2－1。

功能:根据一点的应力张量和斜截面法向量,计算斜截面正应力和切应力的大小。

程序 2－1 section _ stress

```
function [stressn stresss]=section_stress(stress,l,m,n)
% 输入:应力矩阵 stress(3×3),斜截面法单位法向量 l,m,n
% 输出:斜截面上的正应力 stressn,斜截面上的切应力 stresss
ti=stress*[l m n]';
stressn=[l m n]*ti;
stresss=(ti(1)^2+ti(2)^2+ti(3)^2-stressn^2)^0.5;
end
```

2. 子程序 principal _ stress

源代码位置:程序 2－2。

功能:计算主应力和主方向。

程序 2－2 principal _ stress

```
function [s1 s2 s3 beta]=principal_stress(stress)
% 输入:应力矩阵 stress(3×3)
% 输出:主应力,主方向构成的应力转换矩阵 beta
[x,y]=eig(stress);
eigenvalue=diag(y);% 求特征值向量
[B,I]=sort(eigenvalue,'descend');% 对特征值排序
s1=B(1);% 第一主应力
s2=B(2);% 第二主应力
s3=B(3);% 第三主应力
beta(1,:)=x(:,I(1))';% 第一主应力方向的法向量
beta(2,:)=x(:,I(2))';% 第二主应力方向的法向量
beta(3,:)=x(:,I(3))';% 第三主应力方向的法向量
end
```

3. 子程序 stress _ rotate

源代码位置:程序 2－3。

功能:根据新旧坐标系的转换关系,将应力张量由旧坐标系旋转至新坐标系。

程序 2－3 stress _ rotate

```
function stressp=stress_rotate(stress,beta)
% 输入:旧坐标系下的应力矩阵 stress(3×3),新坐标轴方向余弦组成的转换矩阵 beta(3×3)
% 输出:新坐标轴下的应力矩阵 stressp(3×3)
stressp=beta*stress*beta';
end
```

由程序 2-1～程序 2-3 可见，采用 MATLAB 编程十分简洁。根据上述程序，试算以下例子。假定某一点的应力矩阵如下：

$$\sigma_{ij} = \begin{bmatrix} 6 & -1 & 3 \\ -1 & 4 & 0 \\ 3 & 0 & -2 \end{bmatrix} \text{kPa}$$

求法向矢量 $\left\{ \dfrac{1}{2} \quad \dfrac{1}{2} \quad \dfrac{1}{\sqrt{2}} \right\}^{\mathrm{T}}$ 斜面上的正应力和切应力的大小，以及该应力场的主应力与主方向。

利用程序 2-1，可求出斜面上的正应力 $\sigma_n = 3.121\text{kPa}$，斜面上的切应力 $\tau_n = 3.724\text{kPa}$。利用程序 2-2，可求出该应力场的第一主应力 $\sigma_1 = 7.276\text{kPa}$，相应的主方向为 $\{-0.914 \quad 0.279 \quad -0.296\}$；第二主应力 $\sigma_2 = 3.739\text{kPa}$，相应的主方向为 $\{0.251 \quad 0.959 \quad 0.131\}$；第三主应力 $\sigma_3 = -3.014\text{kPa}$，相应的主方向为 $\{-0.320 \quad -0.046 \quad 0.946\}$。求出主方向后，可利用程序 2-3，将 σ_{ij} 转换到三个主方向上，得到转换后的应力矩阵（主应力矩阵）如下：

$$\begin{bmatrix} 7.276 & 0 & 0 \\ 0 & 3.739 & 0 \\ 0 & 0 & -3.014 \end{bmatrix} \text{kPa}$$

利用程序 2-1，可以求 σ_{ij} 在主方向上的正应力（主应力）和切应力（为零）。

2.1.2 主应力空间

一点的应力状态可用 6 个应力分量 σ_x、σ_y、σ_z、τ_{xy}、τ_{xz}、τ_{yz} 表示，如果以这 6 个应力分量为坐标轴，就得到一个六维应力空间，其中的任一点，代表一种应力状态。但六维应力空间无法直观表示，不便应用。由于一点的应力状态可用 3 个主应力 σ_1、σ_2、σ_3 表示，选取 3 个主应力作为坐标轴，得到主应力空间，主应力空间的一个点（σ_1，σ_2，σ_3）代表一种应力状态。

2.1.2.1 主应力空间的几何特征

主应力空间有以下几何特征。

1. 应力空间中过原点并与坐标轴成等角的直线 L——静水应力轴

如图 2-2 所示，应力空间中过原点并与坐标轴成等角的直线 L，其方程为 $\sigma_1 = \sigma_2 = \sigma_3$。显然，该直线上的点代表物体承受静水应力的点。

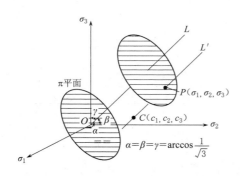

图 2-2 Haigh-Westergaard 应力空间

直线称为静水应力轴。

2. 应力空间中过原点而与 L 垂直的平面——π 平面

如图 2-2 所示，应力空间中过原点而与 L 垂直的平面称为 π 平面。π 平面的方程为 $\sigma_1 + \sigma_2 + \sigma_3 = 0$。由于在 π 平面上各点的平均应力为零，只有应力偏张量，因此，π 平面上的点对应于不引起体积变形的应力状态。

3. 应力空间中任何与直线 L 平行的直线 L'

设直线 L' 通过点 $C(c_1, c_2, c_3)$，该直线的方程式为 $\sigma_1 - c_1 = \sigma_2 - c_2 = \sigma_3 - c_3$，其中 $c_1、c_2、c_3$ 为常数。在直线 L' 上任一点 $P(\sigma_1, \sigma_2, \sigma_3)$ 的平均应力为 $\sigma_m = (\sigma_1 + \sigma_2 + \sigma_3)/3$，该点应力偏张量的分量为

$$s_1 = \sigma_1 - \sigma_m = \sigma_1 - (\sigma_1 + \sigma_2 + \sigma_3)/3 = (2c_1 - c_2 - c_3)/3 = c_a$$

同理
$$s_2 = \sigma_2 - \sigma_m = (2c_2 - c_1 - c_3)/3 = c_b$$

$$s_3 = \sigma_3 - \sigma_m = (2c_3 - c_1 - c_2)/3 = c_c$$

式中：$c_a、c_b、c_c$ 均为常数。

因此，直线 L' 上各点的应力偏张量都相同，即 L' 线上的各点具有相同的 J_2。

4. 应力空间中与 π 平面平行的平面

图 2-2 中与 π 平面平行的平面，其方程式为 $\sigma_1 + \sigma_2 + \sigma_3 = c$，其中 c 为常数。这个平面称为偏量平面，它上面的各点具有相同的平均应力 $\sigma_m = c/3$。

2.1.2.2　应力空间中任一点的几何表示

如图 2-3 所示，应力空间中任一点 $P(\sigma_1, \sigma_2, \sigma_3)$ 可用向量 $\overrightarrow{OP}$ 代表，它可分解为两个分量，一个是沿着静水应力轴 L 的分量 $\overrightarrow{ON}$，它与应力状态的球张量部分相对应。另一分量 $\overrightarrow{NP}$ 在与直线 L 垂直的平面内，它与该点的应力偏张量部分相对应。下面分别计算 $\overrightarrow{ON}$ 和 $\overrightarrow{NP}$ 的长度。

设 $\vec{e}$ 为静水应力轴 L 上的单位长度，用向量表示为

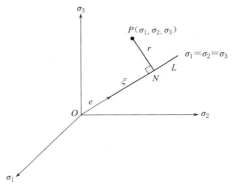

图 2-3　在应力空间中一点的几何表示

$$\vec{e} = \frac{1}{\sqrt{3}}\{1, 1, 1\}$$

根据向量运算规则，$\overrightarrow{ON}$ 的长度为

$$|ON| = \xi = \overrightarrow{OP} \cdot \vec{e} = \frac{1}{\sqrt{3}}(\sigma_1 + \sigma_2 + \sigma_3) = \frac{1}{\sqrt{3}} I_1$$

即
$$\xi = \frac{1}{\sqrt{3}} I_1 = \sqrt{3}\,\sigma_m \qquad\qquad (2-24)$$

$\overrightarrow{ON}$ 在 3 个坐标轴上的分量为

$$\overrightarrow{ON} = \xi\vec{e}\{\sigma_m, \sigma_m, \sigma_m\} = \frac{I_1}{3}\{1, 1, 1\}$$

矢量 $\overrightarrow{NP}$ 为

$$\overrightarrow{NP} = \overrightarrow{OP} - \overrightarrow{ON} = \{\sigma_1, \sigma_2, \sigma_3\} - \frac{I_1}{3}\{1, 1, 1\} = \{s_1, s_2, s_3\}$$

矢量 $\overrightarrow{NP}$ 的长度为

$$r=\sqrt{s_1^2+s_2^2+s_3^2}=\sqrt{2J_2} \tag{2-25}$$

下面考虑矢量 $\overrightarrow{NP}$ 在偏量平面上的方向。在图 2-4 中，纸面是偏量平面，坐标轴

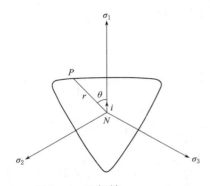

图 2-4　坐标轴 σ_1、σ_2、σ_3
在偏量平面上的投影

σ_1、σ_2、σ_3 投影到此平面上。由于偏量平面与 3 个坐标轴成等角 $\arccos(1/\sqrt{3})=54.7°$，3 个坐标轴在偏量平面上的投影互相之间的夹角相等 $(2\pi/3)$。坐标轴 σ_1 在偏量平面上投影方向的单位矢量 $\overrightarrow{i}$ 在 σ_1、σ_2、σ_3 坐标系中的分量为

$$\overrightarrow{i}=\frac{1}{\sqrt{6}}\{2,-1,-1\}$$

由图 2-4 可知

$$\overrightarrow{NP}\cdot\overrightarrow{i}=r\cos\theta=\frac{1}{\sqrt{6}}(2s_1-s_2-s_3)$$
$$=3s_1/\sqrt{6} \tag{2-26}$$

将式（2-25）代入式（2-26），可得

$$\cos\theta=\frac{\sqrt{3}}{2}\frac{s_1}{\sqrt{J_2}}=\frac{2\sigma_1-\sigma_2-\sigma_3}{2\sqrt{3}\sqrt{J_2}} \tag{2-27}$$

利用三角函数等式 $\cos3\theta=4\cos^3\theta-3\cos\theta$，上式可改写成

$$\cos3\theta=\frac{3\sqrt{3}}{2}\frac{J_3}{J_2^{3/2}} \tag{2-28}$$

若 $\sigma_1\geqslant\sigma_2\geqslant\sigma_3$，则有

$$0\leqslant\theta\leqslant60°$$

下面考虑几种特殊情况：

（1）纯拉：$\sigma_1=\sigma_0$，$\sigma_2=\sigma_3=0$，$\theta=0$。

（2）纯压：$\sigma_3=-\sigma_0$，$\sigma_1=\sigma_2=0$，$\theta=60°$。

（3）纯剪：$\sigma_2=0$，$\sigma_1=\tau$，$\sigma_3=-\tau$，$\theta=30°$。

2.1.2.3　主应力计算

直接由式（2-10）求三个主应力比较麻烦，利用三角函数关系表示主应力更为方便。由于 $J_1=0$，三个主应力偏量应为下列方程的三个根：

$$s^3-J_2s-J_3=0 \tag{a}$$

式（a）与下列三角函数的等式是相似的：

$$\cos^3\theta-\frac{3}{4}\cos\theta-\frac{1}{4}\cos3\theta=0 \tag{b}$$

令 $s = \rho\cos\theta$，代入式（a），得到

$$\cos^3\theta - \frac{J_2}{\rho^2}\cos\theta - \frac{J_3}{\rho^3} = 0 \tag{c}$$

与式（a）比较，可知

$$\rho = 2\sqrt{J_2}/\sqrt{3} \tag{d}$$

$$\cos3\theta = \frac{4J_3}{\rho^3} = \frac{3\sqrt{3}}{2}\frac{J_3}{J_2^{3/2}} \tag{e}$$

注意到 $\cos(3\theta \pm 2n\pi)$ 的周期性，若取 $0 \leqslant \theta \leqslant \pi/3$，3 个主应力偏量应为

$$\rho\cos\theta, \quad \rho\cos(\theta - 2\pi/3), \quad \rho\cos(\theta + 2\pi/3)$$

即

$$\begin{Bmatrix} s_1 \\ s_2 \\ s_3 \end{Bmatrix} = \begin{Bmatrix} \sigma_1 \\ \sigma_2 \\ \sigma_3 \end{Bmatrix} - \begin{Bmatrix} \sigma_m \\ \sigma_m \\ \sigma_m \end{Bmatrix} = \frac{2\sqrt{J_2}}{\sqrt{3}} \begin{Bmatrix} \cos\theta \\ \cos(\theta - 2\pi/3) \\ \cos(\theta + 2\pi/3) \end{Bmatrix} \tag{2-29}$$

式中，$\sigma_1 \geqslant \sigma_2 \geqslant \sigma_3$，$0 \leqslant \theta \leqslant \pi/3$。

2.1.3 平衡方程与力边界条件

物体处在平衡状态，其内部的每一点都应处在平衡状态。使用一微六面体代表物体内的一点，则作用在该微六面体上的所有力应满足平衡条件，由此可以推导出平衡微分方程。

$$\frac{\partial\sigma_x}{\partial x} + \frac{\partial\tau_{yx}}{\partial y} + \frac{\partial\tau_{zx}}{\partial z} + f_x = 0 \tag{2-30a}$$

$$\frac{\partial\tau_{xy}}{\partial x} + \frac{\partial\sigma_y}{\partial y} + \frac{\partial\tau_{zy}}{\partial z} + f_y = 0 \tag{2-30b}$$

$$\frac{\partial\tau_{xz}}{\partial x} + \frac{\partial\tau_{yz}}{\partial y} + \frac{\partial\sigma_z}{\partial z} + f_z = 0 \tag{2-30c}$$

式中：f_x、f_y、f_z 为单位体积力矢量 $\boldsymbol{f}$ 沿坐标轴方向上的分量。

当物体上的一部分边界上给定了分布的表面力，则称这部分边界为力边界。力边界条件指力边界上各点的应力与已知表面力应满足的关系。对于力边界上的点，相当于其应力状态中已知一斜面上的应力矢量，即 $\boldsymbol{T} = \overline{\boldsymbol{T}}$。根据 Cauchy 公式（斜面应力公式），力边界上的点应满足下式

$$\begin{bmatrix} \sigma_x & \tau_{xy} & \tau_{xz} \\ \tau_{yx} & \sigma_y & \tau_{yz} \\ \tau_{zx} & \tau_{yz} & \sigma_z \end{bmatrix} \begin{Bmatrix} l \\ m \\ n \end{Bmatrix} = \begin{Bmatrix} \overline{T}_x \\ \overline{T}_y \\ \overline{T}_z \end{Bmatrix} \tag{2-31}$$

使用张量记法，式（2-31）可表示为

$$\sigma_{ij}n_j = \overline{T}_i \tag{2-32}$$

力边界条件实质上是物体在边界上的平衡条件。

2.2 应 变 分 析

2.2.1 一点的应变状态

在外力或温度的作用下，物体内每一物质点的空间位置会发生改变，即产生位移。物体经过位移后，由于其内部每一点的位移一般不相同，因此，除刚体平移和转动外，物体的大小和形状会发生改变，这种改变称为变形。变形包括体积改变和形状改变。

物体内一点的变形可由应变张量进行描述。在笛卡尔坐标系下，描述一点的应变状态共有 9 个分量：

$$\varepsilon_{ij} = \begin{bmatrix} \varepsilon_{xx} & \varepsilon_{xy} & \varepsilon_{xz} \\ \varepsilon_{yx} & \varepsilon_{yy} & \varepsilon_{yz} \\ \varepsilon_{zx} & \varepsilon_{zy} & \varepsilon_{zz} \end{bmatrix} \tag{2-33}$$

式中：ε_{xx}、ε_{yy}、ε_{zz} 为正应变分量；ε_{xy}、ε_{yz}、ε_{zx} 为切应变分量，切应变分量 ε_{xy}、ε_{yz}、ε_{zx} 的值为张量切应变。

在有限元分析中，常采用工程切应变。工程切应变 γ 定义为变形前相互垂直的两纤维间总的夹角变化，其值为相应张量切应变的两倍。这样，应变张量可写为

$$\varepsilon_{ij} = \begin{bmatrix} \varepsilon_x & \gamma_{xy}/2 & \gamma_{xz}/2 \\ \gamma_{yx}/2 & \varepsilon_y & \gamma_{yz}/2 \\ \gamma_{zx}/2 & \gamma_{zy}/2 & \varepsilon_z \end{bmatrix} \tag{2-34}$$

式（2-33）和式（2-34）中的不同符号可以交换使用。在有限元分析中，一般采用工程切应变。

在应力分析中，已经阐明至少有 3 个无切应力作用其上的相互正交的平面，即主平面以及相应的主方向。在一点的应变分析中，也存在这样的主轴。主应变和应变主方向的计算与应力分析完全相同，只是以应变张量代替应力张量即可。因此，所有关于应力张量的方程都适用于应变张量。程序 2-2 也可用于计算主应变和应变主方向。

与应力张量相同，应变张量也可分解成两部分：与体积变化相关的球体部分和与形状变化相关的偏斜部分，即

$$\begin{bmatrix} \varepsilon_{xx} & \varepsilon_{xy} & \varepsilon_{xz} \\ \varepsilon_{yx} & \varepsilon_{yy} & \varepsilon_{yz} \\ \varepsilon_{zx} & \varepsilon_{zy} & \varepsilon_{zz} \end{bmatrix} = \begin{bmatrix} \varepsilon_{xx}-\varepsilon_m & \varepsilon_{xy} & \varepsilon_{xz} \\ \varepsilon_{yx} & \varepsilon_{yy}-\varepsilon_m & \varepsilon_{yz} \\ \varepsilon_{zx} & \varepsilon_{zy} & \varepsilon_{zz}-\varepsilon_m \end{bmatrix} + \begin{bmatrix} \varepsilon_m & 0 & 0 \\ 0 & \varepsilon_m & 0 \\ 0 & 0 & \varepsilon_m \end{bmatrix} \tag{2-35}$$

使用张量记法，可表示为

$$\varepsilon_{ij} = e_{ij} + \delta_{ij}\varepsilon_m \tag{2-36}$$

式中：e_{ij} 为应变偏张量；$\delta_{ij}\varepsilon_m$ 为应变球张量；$\varepsilon_m = \frac{1}{3}(\varepsilon_x + \varepsilon_y + \varepsilon_z)$ 为应变均值。

观察一单位立方体，其边缘沿主应变轴 1、2、3 的方向，那么变形后，因为主轴无切

应变，故其三轴仍保持相互正交。该单位六面体变成边长为 $(1+\varepsilon_x)$、$(1+\varepsilon_y)$、$(1+\varepsilon_z)$ 的平行六面体。相对体积变化 ε_V 为

$$\varepsilon_V = \frac{\Delta V}{V} = (1+\varepsilon_x)(1+\varepsilon_y)(1+\varepsilon_z) - 1 \qquad (2-37)$$

对于小应变情况，

$$\varepsilon_V = \frac{\Delta V}{V} = \varepsilon_x + \varepsilon_y + \varepsilon_z = \varepsilon_1 + \varepsilon_2 + \varepsilon_3 = I_1' \qquad (2-38)$$

式中：ε_1、ε_2、ε_3 为主应变；I_1' 为应变张量的第一个不变量。

2.2.2 应变-位移关系

设一点的位移矢量为 $\{u、v、w\}^{\mathrm{T}}$，则位移梯度张量为

$$u_{i,j} = \begin{bmatrix} \dfrac{\partial u}{\partial x} & \dfrac{\partial u}{\partial y} & \dfrac{\partial u}{\partial z} \\[2mm] \dfrac{\partial v}{\partial x} & \dfrac{\partial v}{\partial y} & \dfrac{\partial v}{\partial z} \\[2mm] \dfrac{\partial w}{\partial x} & \dfrac{\partial w}{\partial z} & \dfrac{\partial w}{\partial z} \end{bmatrix} \qquad (2-39)$$

位移梯度张量可分解成对称张量和反对称张量：

$$u_{i,j} = \frac{1}{2}(u_{i,j} + u_{j,i}) + \frac{1}{2}(u_{i,j} - u_{j,i}) \qquad (2-40)$$

式中，第一项称为应变张量，第二项称为转动张量。

由此可得到小应变情况下的应变-位移关系如下：

$$\varepsilon_{ij} = \frac{1}{2}(u_{i,j} + u_{j,i}) \qquad (2-41)$$

式 （2-41） 写成矩阵形式为

$$\begin{bmatrix} \varepsilon_{xx} & \varepsilon_{xy} & \varepsilon_{xz} \\ \varepsilon_{yx} & \varepsilon_{yy} & \varepsilon_{yz} \\ \varepsilon_{zx} & \varepsilon_{zy} & \varepsilon_{zz} \end{bmatrix} = \begin{bmatrix} \dfrac{\partial u}{\partial x} & \dfrac{1}{2}\left(\dfrac{\partial u}{\partial y}+\dfrac{\partial v}{\partial x}\right) & \left(\dfrac{\partial u}{\partial z}+\dfrac{\partial w}{\partial x}\right) \\[2mm] \dfrac{1}{2}\left(\dfrac{\partial u}{\partial y}+\dfrac{\partial v}{\partial x}\right) & \dfrac{\partial v}{\partial y} & \left(\dfrac{\partial v}{\partial z}+\dfrac{\partial w}{\partial z}\right) \\[2mm] \left(\dfrac{\partial u}{\partial z}+\dfrac{\partial w}{\partial x}\right) & \left(\dfrac{\partial v}{\partial z}+\dfrac{\partial w}{\partial z}\right) & \dfrac{\partial w}{\partial z} \end{bmatrix} \qquad (2-42)$$

2.3 弹 性 本 构 关 系

一个固体力学问题的解在每一个瞬间都必须同时满足下列三个条件：

（1）平衡或运动方程。

（2）几何条件或应变与位移的协调性。

（3）材料本构定律或应力-应变关系。

为简洁起见，力和位移必须满足的初始条件和边界条件都包含在前两项条件中。显然，前两个条件与构成物体的材料特性无关，他们对于弹性以及塑性材料都是有效的。各

种材料的不同特性都体现在材料的本构关系中，这些本构关系给出了物体上任一点的应力分量 σ_{ij} 与应变分量 ε_{ij} 之间的关系。它们可能很简单，也可能很复杂，取决于物体的材料特性以及它的受力条件。一旦材料的本构关系建立起来，则用于求解固体力学问题的一般方程就建立起来了。

各向同性线弹性材料的本构关系最为简单。所谓各向同性线弹性材料，是指在各个方向上的弹性性质完全相同。在数学上，应力与应变之间的关系式在各个不同方位的坐标系中都一样，与选取的坐标系无关。

根据广义 Hooke 定律，各向同性线弹性材料的应力-应变关系的张量形式为

$$\sigma_{ij} = \lambda \varepsilon_{kk} \delta_{ij} + 2G\varepsilon_{ij} \tag{2-43}$$

式中：λ 为 Lame 系数，G 为剪切模量。

有限元计算中，一般以弹性模量 E 和泊松比 ν 表达各向同性线弹性材料的本构关系。Lame 系数 λ 和剪切模量 G 可由弹性模量 E 和泊松比 ν，用下式计算：

$$\lambda = \frac{\nu E}{(1+\nu)(1-2\nu)} \tag{2-44}$$

$$G = \frac{E}{2(1+\nu)} \tag{2-45}$$

将式（2-44）和式（2-45）代入式（2-43），可得用弹性模量 E 和泊松比 ν 表达的各向同性线弹性材料的本构关系：

$$\sigma_{ij} = \frac{\nu E}{(1+\nu)(1-2\nu)} \varepsilon_{kk} \delta_{ij} + \frac{E}{1+\nu} \varepsilon_{ij} \tag{2-46}$$

下面将上述应力-应变关系写成矩阵形式，以方便有限元计算。

1. 三维情况

应力张量和应变张量具有 6 个独立的分量，将其写成如下矢量形式

$$\boldsymbol{\sigma} = \begin{Bmatrix} \sigma_x \\ \sigma_y \\ \sigma_z \\ \tau_{xy} \\ \tau_{xz} \\ \tau_{yz} \end{Bmatrix}, \quad \boldsymbol{\varepsilon} = \begin{Bmatrix} \varepsilon_x \\ \varepsilon_y \\ \varepsilon_z \\ \gamma_{xy} \\ \gamma_{xz} \\ \gamma_{yz} \end{Bmatrix} \tag{2-47}$$

此时，式（2-46）可比写成如下形式

$$\boldsymbol{\sigma} = \begin{Bmatrix} \sigma_x \\ \sigma_y \\ \sigma_z \\ \tau_{xy} \\ \tau_{xz} \\ \tau_{yz} \end{Bmatrix} = \boldsymbol{D}\boldsymbol{\varepsilon} = \boldsymbol{D} \begin{Bmatrix} \varepsilon_x \\ \varepsilon_y \\ \varepsilon_z \\ \gamma_{xy} \\ \gamma_{xz} \\ \gamma_{yz} \end{Bmatrix} \tag{2-48}$$

式中：矩阵 $\boldsymbol{D}$ 为弹性本构矩阵。

矩阵 $\boldsymbol{D}$ 按下式计算

$$\boldsymbol{D} = \frac{E}{(1+\nu)(1-2\nu)} \begin{bmatrix} 1-\nu & \nu & \nu & 0 & 0 & 0 \\ \nu & 1-\nu & \nu & 0 & 0 & 0 \\ \nu & \nu & 1-\nu & 0 & 0 & 0 \\ 0 & 0 & 0 & \dfrac{1-2\nu}{2} & 0 & 0 \\ 0 & 0 & 0 & 0 & \dfrac{1-2\nu}{2} & 0 \\ 0 & 0 & 0 & 0 & 0 & \dfrac{1-2\nu}{2} \end{bmatrix} \qquad (2-49)$$

2. 平面应力情况

平面应力条件 $(\sigma_z = \tau_{yz} = \tau_{zx} = 0)$ 通常是出现在对受平面内荷载的薄板进行分析的情形。在平面应力条件下，式（2-48）相应退化为

$$\begin{Bmatrix} \sigma_x \\ \sigma_y \\ \tau_{xy} \end{Bmatrix} = \frac{E}{1-\nu^2} \begin{bmatrix} 1 & \nu & 0 \\ \nu & 1 & 0 \\ 0 & 0 & \dfrac{1-\nu}{2} \end{bmatrix} \begin{Bmatrix} \varepsilon_x \\ \varepsilon_y \\ \gamma_{xy} \end{Bmatrix} \qquad (2-50)$$

注意到在平面应力情况下，应变分量 ε_z 是非零的，而切应变分量 γ_{yz} 和 γ_{zx} 为零。应变分量 ε_z 的值为

$$\varepsilon_z = \frac{-\nu}{1-\nu}(\varepsilon_x + \varepsilon_y) \qquad (2-51)$$

3. 平面应变情况

平面应力条件 $(\varepsilon_z = \gamma_{yz} = \gamma_{zx} = 0)$ 通常出现在均匀横断面的细长问题，例如隧道、土坝、边坡、挡土墙等。岩土工程问题通常可以简化为平面应变问题。在平面应变条件下，式（2-48）相应退化为

$$\begin{Bmatrix} \sigma_x \\ \sigma_y \\ \tau_{xy} \\ \sigma_z \end{Bmatrix} = \frac{E}{(1+\nu)(1-2\nu)} \begin{bmatrix} 1-\nu & \nu & 0 & \nu \\ \nu & 1-\nu & 0 & \nu \\ 0 & 0 & \dfrac{1-2\nu}{2} & 0 \\ \nu & \nu & 0 & 1-\nu \end{bmatrix} \begin{Bmatrix} \varepsilon_x \\ \varepsilon_y \\ \gamma_{xy} \\ \varepsilon_z \end{Bmatrix} \qquad (2-52)$$

注意到在平面应变情况下，应力分量 σ_z 是非零的，而切应力分量 τ_{yz} 和 τ_{zx} 为零。应力分量 σ_z 的值为

$$\sigma_z = \nu(\sigma_x + \sigma_y) \qquad (2-53)$$

基于上述理论，可编制相应计算程序如下：

（1）子程序 getD

源代码位置：程序 2-4。

功能：计算平面应变条件下的弹性矩阵 $\boldsymbol{D}$。

程序 2 - 4   **getD**

```
function MatrixD=getD(E,v)
% 输入:材料弹模 E、泊松比 v
% 输出:平面应变条件下的弹性矩阵 D
mD=zeros(4,4);
d=E/((1+v)*(1-2*v));
mD(1,1)=1-v;
mD(2,2)=1-v;
mD(3,3)=(1-2*v)/2;
mD(4,4)=1-v;
mD(1,2)=v;
mD(1,4)=v;
mD(2,1)=v;
mD(2,4)=v;
mD(4,1)=v;
mD(4,2)=v;
MatrixD=d.*mD;
end
```

(2) 子程序 get_stress

源代码位置：程序 2-5。

功能：基于线弹性应力-应变本构关系，根据弹性矩阵和应变计算应力。

程序 2 - 5   **get_stress**

```
function stress=get_stress(MatrixD,strain)
% 输入:弹性矩阵 D(4×4)、应变矩阵 strain(4×1)
% 输出:应力矩阵 stress(4×1)
stress=MatrixD*strain;
end
```

第3章 塑性力学基础

3.1 单向受力的应力-应变关系

图3-1为金属在常温静载下单轴拉伸的应力-应变曲线，其中A点是比例极限。在这点以前，应力与应变成比例关系，可用胡克（Hooke）定律表示。在A点以后，应力与应变不再保持比例关系，进入了非线性阶段。不过在B点以前如果卸除荷载，变形将完全恢复，B点为弹性极限。过B点以后，将出现一个应力不变而应变显著增加的屈服（流动）阶段。到达C点，材料又恢复了抵抗变形的能力，必须增加荷载，才能继续产生变形，这种现象称为材料的硬化。D点是荷载达到最高点时的应力，称为强度极限，在D点以后条件应力开始下降，直至最后破坏为止。

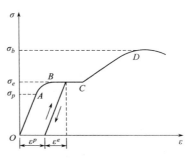

图3-1 金属单轴拉伸试验曲线

为便于研究，在试验资料的基础上，常抽象为一些简化的模型，如图3-2所示。

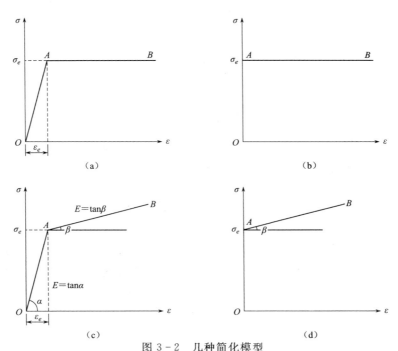

（a）

（b）

（c）

（d）

图3-2 几种简化模型

（a）理想弹塑性模型；（b）理想刚塑性模型；（c）线性硬化弹塑性模型；

（d）线性硬化刚塑性模型

弹塑性模型假定土的总应变及其增量分为可恢复的弹性变形和不可恢复的塑性变形两部分，即

$$\boldsymbol{\varepsilon} = \boldsymbol{\varepsilon}^e + \boldsymbol{\varepsilon}^p \tag{3-1}$$

$$d\boldsymbol{\varepsilon} = d\boldsymbol{\varepsilon}^e + d\boldsymbol{\varepsilon}^p \tag{3-2}$$

式中，$\boldsymbol{\varepsilon}^e$ 为弹性应变，$d\boldsymbol{\varepsilon}^e$ 为弹性应变增量，两者需要用弹性力学中的理论来确定；$\boldsymbol{\varepsilon}^p$ 为塑性应变，$d\boldsymbol{\varepsilon}^p$ 为塑性应变增量，则需要用到塑性力学理论来推求。

3.2 屈 服 准 则

在单轴应力状态下，材料的弹性极限由两个屈服应力点（拉伸屈服、压缩屈服）来定义。在空间应力状态下，弹性极限成为应力空间中的一个面。弹性极限的数学表达式如下：

$$f(\boldsymbol{\sigma}, \boldsymbol{H}) = 0 \tag{3-3}$$

式中：$\boldsymbol{H}$ 为硬化参数。

式（3-3）称为屈服准则。函数 f 的特定形式是与材料有关的，其含有若干个材料常数。函数 f 称为屈服函数，$f = 0$ 的面称为屈服面。在硬化阶段，屈服面的大小、形状和位置都可能改变。所以为了明确起见，初始状态的屈服面和屈服函数分别称为初始屈服面和初始屈服函数，而硬化阶段的屈服面和屈服函数分别称为后继屈服面和后继屈服函数。

对于各向同性材料，主应力的方向不重要，因为三个主应力值 σ_1、σ_2、σ_3 已足够确定唯一的应力状态，那么屈服准则可表达为

$$f(\sigma_1, \sigma_2, \sigma_3, \boldsymbol{H}) = 0 \tag{3-4}$$

或

$$f(I_1, J_2, J_3, \boldsymbol{H}) = 0 \tag{3-5}$$

式中：I_1、J_2 和 J_3 分别为应力张量 σ_{ij} 的第一不变量、偏应力张量 s_{ij} 的第二和第三不变量。

对于各向异性材料，其各方向的材料特性不同，主应力的方向起决定性作用，从而各向异性材料的屈服准则必须取式（3-3）的形式。

3.3 加 载 准 则

在应力空间上的屈服面确定了当前的弹性区的边界。如果一个应力点在此面的里面，就称之为弹性状态而且只有弹性特性；如果一个应力点在屈服面上则称之为塑性状态，具有弹性或者弹塑性特性。

在数学上，弹性状态和塑性状态作如下定义：

$$f < 0 \text{ 时，弹性状态}$$

$$f = 0 \text{ 时，塑性状态}$$

这里，f 表示在应力空间定义了屈服面的屈服函数。

对于硬化材料，如果应力状态有移出屈服面的趋势，则可获得一个加载过程，而且能观察到弹塑性变形，会产生附加的塑性应变且当前的屈服面形状也会发生改变，使应力状态总保持在后继屈服面上。如果应力状态有移进屈服面以内的趋向，则为卸载过程，此时只有弹性变形发生，屈服面仍然保持原样。应力从塑性状态开始改变的另一种可能就是应力点沿着当前屈服面移动，这个过程称为中性变载，与其相关的变形是弹性的。

区分这些现象的数学表达式称为加载准则，可用下列式子来表述：

$$
\begin{cases}
f = 0 \text{ 且 } \dfrac{\partial f}{\partial \sigma_{ij}} d\sigma_{ij} > 0 \text{ 时,加载} \\[2ex]
f = 0 \text{ 且 } \dfrac{\partial f}{\partial \sigma_{ij}} d\sigma_{ij} = 0 \text{ 时,中性变载} \\[2ex]
f = 0 \text{ 且 } \dfrac{\partial f}{\partial \sigma_{ij}} d\sigma_{ij} < 0 \text{ 时,卸载}
\end{cases}
\tag{3-6}
$$

通常，f 函数形式是这样定义的，使得梯度矢量 $\dfrac{\partial f}{\partial \sigma_{ij}} = n_{ij}^{f}$ 的方向总是沿着屈服面 $f = 0$ 向外的法线方向。因此，这些加载准则能用图 3-3 作简单的说明。

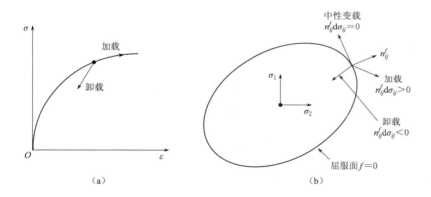

图 3-3　加工硬化材料的加载准则
(a) 单轴情况；(b) 多轴情况

对于理想塑性材料，当应力点沿着屈服面移动时，有可能发生弹塑性变形，但也有可能发生塑性变形而被归到中性变载情况，此时，加载准则定义如下：

$$
\begin{cases}
f = 0 \text{ 且 } \dfrac{\partial f}{\partial \sigma_{ij}} d\sigma_{ij} \geqslant 0 \text{ 时,加载或中性变载} \\[2ex]
f = 0 \text{ 且 } \dfrac{\partial f}{\partial \sigma_{ij}} d\sigma_{ij} < 0 \text{ 时,卸载}
\end{cases}
\tag{3-7}
$$

也有人提出表述加载准则的不同的形式，可以用应变增量代替应力增量作出判断：

$$\begin{cases} f=0 \ \text{且} \ \dfrac{\partial f}{\partial \sigma_{ij}} D_{ijkl} \, \mathrm{d}\varepsilon_{kl} > 0 \ \text{时,加载} \\[2mm] f=0 \ \text{且} \ \dfrac{\partial f}{\partial \sigma_{ij}} D_{ijkl} \, \mathrm{d}\varepsilon_{kl} = 0 \ \text{时,中性变载} \\[2mm] f=0 \ \text{且} \ \dfrac{\partial f}{\partial \sigma_{ij}} D_{ijkl} \, \mathrm{d}\varepsilon_{kl} < 0 \ \text{时,卸载} \end{cases} \tag{3-8}$$

式中：D_{ijkl} 为弹性刚度张量。

在有限元分析中，需要从给出的或已知的应变增量中算出应力增量。此时，采用式（3-8）中的准则比采用式（3-6）和式（3-7）中的准则更为方便。

3.4 流 动 法 则

在塑性理论中，流动规则用以确定塑性应变增量的方向或塑性应变增量张量的各个分量间的比例关系。塑性理论规定塑性应变增量的方向是由在应力空间的塑性势面 g 决定的：在应力空间中，各应力状态点的塑性应变增量方向必须与通过该点的塑性势面相垂直。这一规则实质上是假设在应力空间中一点的塑性应变增量的方向是唯一的，即只与该点的应力状态有关，与施加的应力增量的方向无关，即

$$\mathrm{d}\varepsilon_{ij}^{p} = \mathrm{d}\lambda \frac{\partial g}{\partial \sigma_{ij}} \tag{3-9}$$

与屈服函数一样，塑性势函数也是应力状态的函数，可表示为

$$g(\boldsymbol{\sigma}, \boldsymbol{H}) = 0 \tag{3-10a}$$

对于各向同性材料，塑性势函数可表示为

$$g(\sigma_1, \sigma_2, \sigma_3, \boldsymbol{H}) = 0 \tag{3-10b}$$

$$g(I_1, I_2, I_3, \boldsymbol{H}) = 0 \tag{3-10c}$$

根据德鲁克公设，对于稳定材料

$$\mathrm{d}\sigma_{ij} \, \mathrm{d}\varepsilon_{ij}^{p} \geqslant 0 \tag{3-11}$$

因而 $\mathrm{d}\varepsilon_{ij}^{p}$ 必须正交于屈服面才能满足式（3-11），同时屈服面也必须是外凸的，这就是说塑性势面 g 与屈服面 f 必须是重合的，亦即

$$f = g \tag{3-12}$$

这被称为关联流动法则，它满足经典塑性理论要求的材料稳定性，能保证解的唯一性，其刚度矩阵 $\boldsymbol{D}_{ep}$ 是对称的。如果令 $f \neq g$，即为非关联流动法则，它不能保证解的唯一性，$\boldsymbol{D}_{ep}$ 一般也不对称。对于土体而言，采用关联流动法则一般会高估土的剪胀性，因此一般采用非关联流动法则。

3.5 硬 化 法 则

如图 3-4 所示，在单向受力时，材料中应力超过初始屈服点 A 而进入塑性状态，然后达到应力点 B，此时先卸载再加载，应力-应变关系将仍按弹性规律变化。应力点 B 是材料在经历了塑性变形后的新屈服点，称为硬化点。它是材料在再次加载时，应力-应变关系按弹性还是按塑性规律变化的区分点。

同样，当材料在复杂应力状态下进入塑性后，卸载再加载，屈服函数也会随着以前发生过的塑性变形的历史而有所改变。当应力分量满足某一关系时，材料将重新进入塑性状态而产生新的塑性变形，这种现象称为硬化。材料在初始屈服以后再进入塑性状态时，应力分量间所必须满足的函数关系，称为硬化法则，有时也称为后继屈服条件，以区别于初始屈服条件。图 3-5 表示在二维应力平面中混凝土等脆性材料的初始屈服面和后继屈服面（图中，R_t、R_c 分别为混凝土的单轴抗拉强度和单轴抗压强度）。

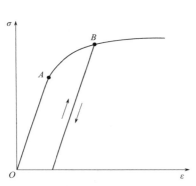

图 3-4 单向受力时材料的硬化

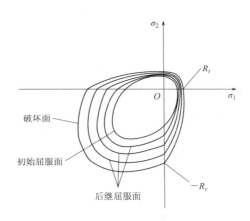

图 3-5 在二维应力平面中脆性材料的破坏曲线

根据式（3-3），在塑性加载阶段，屈服函数是不会发生变化的，即有

$$df = \left(\frac{\partial f}{\partial \boldsymbol{\sigma}}\right)^{\mathrm{T}} \mathrm{d}\boldsymbol{\sigma} + \frac{\partial f}{\partial \boldsymbol{H}} \mathrm{d}\boldsymbol{H} = 0 \qquad (3-13)$$

硬化参数 $\boldsymbol{H}$ 一般为 $\boldsymbol{\varepsilon}^p$ 的函数，即 $\boldsymbol{H} = H(\boldsymbol{\varepsilon}^p)$，因此可得

$$\left(\frac{\partial f}{\partial \boldsymbol{\sigma}}\right)^{\mathrm{T}} \mathrm{d}\boldsymbol{\sigma} + \frac{\partial \mathrm{f}}{\partial \boldsymbol{H}} \left(\frac{\partial \boldsymbol{H}}{\partial \boldsymbol{\varepsilon}^p}\right)^{\mathrm{T}} \mathrm{d}\boldsymbol{\varepsilon}^p = 0 \qquad (3-14)$$

由式（3-9），可得

$$\left(\frac{\partial f}{\partial \boldsymbol{\sigma}}\right)^{\mathrm{T}} \mathrm{d}\boldsymbol{\sigma} + \frac{\partial f}{\partial \boldsymbol{H}} \left(\frac{\partial \boldsymbol{H}}{\partial \boldsymbol{\varepsilon}^p}\right)^{\mathrm{T}} \left(\frac{\partial g}{\partial \boldsymbol{\sigma}}\right) \mathrm{d}\lambda = 0 \qquad (3-15)$$

整理可得

$$\mathrm{d}\lambda = -\frac{\left(\frac{\partial f}{\partial \boldsymbol{\sigma}}\right)^{\mathrm{T}} \mathrm{d}\boldsymbol{\sigma}}{\frac{\partial f}{\partial \boldsymbol{H}} \left(\frac{\partial \boldsymbol{H}}{\partial \boldsymbol{\varepsilon}^p}\right)^{\mathrm{T}} \left(\frac{\partial g}{\partial \boldsymbol{\sigma}}\right)} \qquad (3-16)$$

设
$$A = -\frac{\partial f}{\partial \boldsymbol{H}} \left(\frac{\partial \boldsymbol{H}}{\partial \boldsymbol{\varepsilon}^p}\right)^{\mathrm{T}} \left(\frac{\partial g}{\partial \boldsymbol{\sigma}}\right) \tag{3-17}$$

则
$$\mathrm{d}\lambda = \frac{1}{A} \left(\frac{\partial f}{\partial \boldsymbol{\sigma}}\right)^{\mathrm{T}} \mathrm{d}\boldsymbol{\sigma} \tag{3-18}$$

式中：A 为塑性硬化模量，是硬化参数的函数。

3.5.1　各向同性硬化

假定加载面在应力空间中的形状和中心位置保持不变，随着硬化程度的增加，由初始屈服面在形状上作相似的扩大。加载面仅由其曾经达到过的最大应力点所决定，与加载历史无关，如图 3-6（a）所示。硬化条件可表示为

$$f(\boldsymbol{\sigma}) - k(\boldsymbol{\varepsilon}^p) = 0 \tag{3-19}$$

式中：$k(\boldsymbol{\varepsilon}^p)$ 为硬化参数，是塑性应变 $\boldsymbol{\varepsilon}^p$ 的函数。

3.5.2　随动硬化

假定在塑性变形过程中，屈服曲面的形状和大小都不改变，只是在应力空间中作刚性平移，如图 3-6（b）所示。设在应力空间中，屈服面内部中心的坐标用 $\boldsymbol{\alpha}$ 表示，它在初始屈服时等于零，于是，随动硬化模型的加载曲面可表示为

$$f(\boldsymbol{\sigma} - \boldsymbol{\alpha}) - k = 0 \tag{3-20}$$

式中，$f(\boldsymbol{\sigma}) - k = 0$ 为初始屈服曲面，产生塑性变形以后，加载面随着 $\boldsymbol{\alpha}$ 而移动，$\boldsymbol{\alpha}$ 称为移动张量。

3.5.3　混合硬化

把各向同性硬化模型和随动硬化模型加以组合，得到混合硬化模型。它假定在塑性变形过程中，加载曲面不但作刚性平移，还同时在各个方向作均匀扩大，如图 3-6（c）所示。加载曲面可表示为

$$f(\boldsymbol{\sigma} - \boldsymbol{\alpha}) - k(\boldsymbol{\varepsilon}^p) = 0 \tag{3-21}$$

式中：$\boldsymbol{\alpha}$ 为屈服面中心的移动；k 为硬化参数，是塑性应变 $\boldsymbol{\varepsilon}^p$ 的函数。

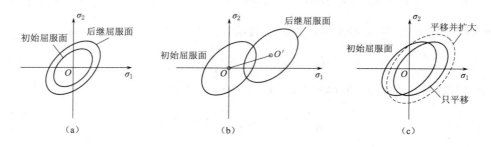

图 3-6　硬化模型

（a）各向同性硬化；（b）随动硬化；（c）混合硬化

在以上几种硬化模型中，各向同性硬化模型使用最为广泛。一方面是由于它便于进行数学处理；另一方面，如果在加载过程中应力方向（或各应力分量的比值）变化不大，采用各向同性硬化模型的计算结果与实际情况也比较符合。

第4章 土的简单弹塑性本构模型及其数值积分

4.1 土的简单弹塑性本构模型

4.1.1 概述

材料的本构关系是反映材料的力学性状的数学表达式，表示形式一般为应力-应变的关系，也称为本构定律、本构方程，还可称为本构关系数学模型（简称为本构模型）。

土是岩石风化而成的碎散矿物颗粒的集合体，它一般含有固、液、气三相。在土形成的漫长地质过程中，由于受风化、搬运、沉积、固结和地壳运动的影响，其应力-应变关系十分复杂，并且与诸多因素有关。土的主要应力-应变特性是非线性、弹塑性和剪胀（缩）性，主要的影响因素是应力水平（stress level）、应力路径（stress path）和应力历史（stress history）。

20 世纪 50 年代末到 60 年代初，是土的本构关系研究初期，在这一时期，由于高重土工建筑物、高层建筑物和许多工程领域的大型建筑物的兴建，使土体变形成为主要的矛盾，给土体的非线性应力变形计算提出了必要性；另外计算机及计算技术手段的迅速发展推动了非线性力学理论、数值计算方法和土工试验日新月异的发展，为在岩土工程中进行非线性数值分析提供了可能性，这给土的本构关系研究以极大的推动。70—80 年代是土的本构关系迅速发展的时期，出现了上百种土的本构模型。在随后的土力学实践中，一些本构模型逐渐为人们所接受，出现在大学教材中，也有一些在商业程序中被广泛使用。这些被人们普遍接受和使用的模型都具有以下特点：形式比较简单；参数不多且有明确的物理意义，易于用简单试验确定；能反映土的主要变形特性。

本章介绍土的常用简单弹塑性本构模型：莫尔-库仑（Mohr - Coulomb）理想弹塑性模型和德鲁克-普拉格（Drucker - Prager）理想弹塑性模型。读者可在此基础上扩展出更复杂的弹塑性本构模型，如应变软化莫尔-库仑模型、修正剑桥模型等。

4.1.2 莫尔-库仑（Mohr - Coulomb）理想弹塑性模型

根据莫尔-库仑屈服准则，当应力状态达到下列极限时，材料屈服，即

$$|\tau| = c - \sigma \tan\phi \qquad (4-1)$$

式中：τ 为最大切应力；σ 为作用在同一平面上的正应力；c 为材料的凝聚力；ϕ 为材料的内摩擦角。

注意，本教材统一沿用弹性力学的应力正负号规定，即拉正压负，因此式（4-1）中 σ 前为负号。

作为特例，如内摩擦角 $\phi = 0$，则上式退化成 Tresca 的最大切应力准则，$|\tau| = c$，此时凝聚力等于材料在纯剪切时的屈服极限。

如图 4-1 所示，式（4-1）代表最大应力圆的一条切线。当 $\sigma_1 \geqslant \sigma_2 \geqslant \sigma_3$ 时，式（4-1）可重写如下：

$$-\frac{1}{2}(\sigma_1-\sigma_3)\cos\phi = c - \left(\frac{\sigma_1+\sigma_3}{2} - \frac{\sigma_1-\sigma_3}{2}\sin\phi\right)\tan\phi \tag{4-2a}$$

即莫尔-库仑模型的屈服函数为

$$f = \sigma_1 - \sigma_3 - 2c\cos\phi + (\sigma_1+\sigma_3)\sin\phi \tag{4-2b}$$

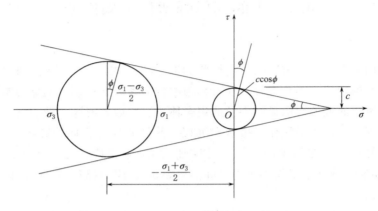

图 4-1　用主应力表示莫尔-库仑屈服准则

在三维应力空间上，莫尔-库仑模型的屈服面是一个角锥面，如图 4-2 所示。角锥形的顶点在静水应力轴上，$\sigma_1 = \sigma_2 = \sigma_3 = c\cot\phi$。图 4-3 表示了在 π 平面上莫尔-库仑模型的屈服线。

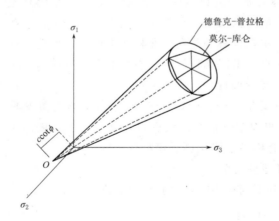

图 4-2　莫尔-库仑屈服面和
德鲁克-普拉格屈服面

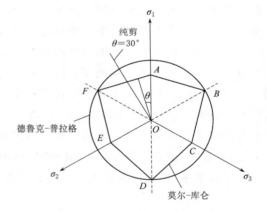

图 4-3　在 π 平面上的莫尔-库仑屈服线
和德鲁克-普拉格屈服线

莫尔-库仑屈服准则可用 I_1、J_2、θ 表示如下：

$$f = I_1\sin\phi + \frac{1}{2}\left[3(1-\sin\phi)\sin\theta + \sqrt{3}(3+\sin\phi)\cos\theta\right]\sqrt{J_2} - 3c\cos\phi = 0 \tag{4-3}$$

式中，$0 \leqslant \theta \leqslant \pi/3$。

利用 $\xi = I_1/\sqrt{3}$ ［式（2-27）］和 $r=\sqrt{2J_2}$ ［式（2-28）］，在式（4-3）左右两侧乘以 $\sqrt{2/3}$，在主应力空间中，莫尔-库仑屈服函数可用 ξ、r、θ 表示如下：

$$f(\xi,r,\theta)=\sqrt{2}\,\xi\sin\phi+\sqrt{3}\,r\sin(\theta+\pi/3)+r\cos(\theta+\pi/3)\sin\phi-\sqrt{6}\,c\cos\phi=0 \qquad (4-4)$$

在上式中令 $\theta=0°$ 及 $\theta=60°$，则分别得受拉和受压子午面上的屈服线，如图 4-4（a）所示。以受拉子午面为例，在式（4-4）中令 $\theta=0$，$\xi=0$，得到子午面上的截距 $r_{t0}=2\sqrt{6}c\cos\phi/(3+\sin\phi)$，令 $r=0$，得到 $\xi_0=\sqrt{3}c\cot\phi$，由 r_{t0} 与 ξ_0 比值，得到 $\tan\phi_t$。

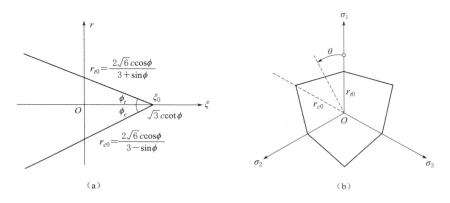

图 4-4　莫尔-库仑屈服准则
（a）子午面 $\theta=0$ 及 $\theta=60°$；（b）π 平面

莫尔-库仑理想弹塑性模型的势函数一般取与屈服函数相同，即

$$g=I_1\sin\psi+\frac{1}{2}[3(1-\sin\psi)\sin\theta+\sqrt{3}(3+\sin\psi)\cos\theta]\sqrt{J_2}-3c\cos\psi \qquad (4-5)$$

式中：ψ 为剪胀角。

莫尔-库仑理想弹塑性模型共有 5 个参数，即：弹性模量 E、泊松比 ν、凝聚力 c、内摩擦角 ϕ、剪胀角 ψ。当剪胀角 ψ 与内摩擦角 ϕ 相等时，为关联流动。由于采用关联流动法则会明显高估土的剪胀性，在使用莫尔-库仑理想弹塑性模型时，通常采用非关联流动法则，取剪胀角 ψ 为 0，即不考虑土的剪胀。莫尔-库仑理想弹塑性模型能较好地描述土的强度特性，因此在实际工程中得到了广泛的应用。

4.1.3　德鲁克-普拉格（Drucker - Prager）模型

莫尔-库仑屈服面为角锥面，其角点在数值计算中常引起不便。为了得到近似于莫尔-库仑曲面的光滑屈服面，德鲁克-普拉格把米泽斯（Mises）准则加以修改，提出如下屈服准则：

$$f=\alpha I_1+\sqrt{J_2}-k=0 \qquad (4-6)$$

或者利用 $\xi=I_1/\sqrt{3}$ ［式（2-27）］和 $r=\sqrt{2J_2}$ ［式（2-28）］，写成

$$f=\sqrt{6}\,\alpha\xi+r-\sqrt{2}\,k=0 \qquad (4-7)$$

式中：α、k 均为材料常数。

德鲁克-普拉格屈服面是一个正圆锥面，见图 4-2，它在 π 平面上的截线是一个圆，

见图 4-3。

　　适当地选取两个常数 α 和 k，可以使德鲁克-普拉格屈服面接近于莫尔-库仑屈服面。例如，取

$$\alpha = \frac{2\sin\phi}{\sqrt{3}(3-\sin\phi)}, \quad k = \frac{6c\cos\phi}{\sqrt{3}(3-\sin\phi)} \tag{4-8}$$

则在各截面上，德鲁克-普拉格屈服面都与莫尔-库仑六边形的外顶点相重合。如取

$$\alpha = \frac{2\sin\phi}{\sqrt{3}(3+\sin\phi)}, \quad k = \frac{6c\cos\phi}{\sqrt{3}(3+\sin\phi)} \tag{4-9}$$

则德鲁克-普拉格屈服面将与莫尔-库仑六边形的内顶点相重合。

　　德鲁克-普拉格屈服函数是 I_1 和 $\sqrt{J_2}$ 的线性函数，并且不包含 θ，所以在子午面上，屈服线是一条直线，见图 4-5（a）。在 π 平面上，屈服曲线是一个圆，见图 4-5（b）。在式（4-7）中令 $\xi=0$，得到子午面上的截距 $r_0=\sqrt{2}k$，令 $r=0$，得到 $\xi_0=\sqrt{3}k/(3\alpha)$，由 r_0 与 ξ_0 比值，得到 $\tan\phi_t$。

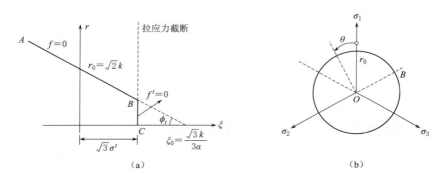

图 4-5　德鲁克-普拉格屈服准则

(a) 在 $\sqrt{J_2}-I_1$ 平面中；(b) π 平面

　　德鲁克-普拉格理想弹塑性模型不考虑屈服面的变化，一般取与屈服函数相同的塑性势函数，即

$$g = \sqrt{J_2} + \alpha_\psi I_1 \tag{4-10}$$

　　当采用非关联流动法则时，一般取塑性势函数 g 中的参数 α_ψ 为 0，即不考虑土的剪胀。α_ψ 是与塑性体积变化与塑性剪切应变之比有关的剪胀系数。α_ψ 和膨胀角 ψ 之间的关系与式（4-8）和式（4-9）中 α 和 ϕ 之间的关系相同，$\alpha_\psi=\alpha$ 时为相关联流动。如果 α_ψ 等于零，则在剪切作用下不产生塑性体应变。德鲁克-普拉格理想弹塑性模型的优势在于屈服面和塑性势面均为光滑曲面，这极大地方便了数值计算，因此也得到了广泛的应用。

　　大多数土体对拉伸载荷几乎没有抵抗力，可采用带拉应力截断的混合准则：当土体产生剪切破坏时，采用德鲁克-普拉格准则，如式（4-6）。当土体产生受拉破坏时，采用最大拉应力准则，即

$$f^t = I_1/3 - \sigma^t = 0 \tag{4-11}$$

式中：σ^t 为抗拉强度。

图 4-5（a）表示带拉应力截断的德鲁克-普拉格屈服准则。在张力截止条件下，3D主应力空间中的德鲁克-普拉格屈服面为截锥，如图 4-5（a）所示。图中，包络线 AB 对应于剪切屈服，其屈服函数由式（4-6）给出，而包络线 BC 对应于拉伸屈服，其屈服函数由式（4-11）给出。如果材料常数 α 不为零，则材料的抗拉强度不得超过最大抗拉强度 $\sigma^t_{\max}$，可从图 4-5（a）中获得，如下所示

$$\sigma^t_{\max} = \frac{k}{3\alpha} \tag{4-12}$$

对应于拉伸屈服函数式（4-11）的相关流动规则的塑性势 g^t 为

$$g^t = \frac{I_1}{3} \tag{4-13}$$

需要说明的是，由于德鲁克-普拉格模型的屈服面上存在顶点，采用拉应力截断能提高本构模型数值积分的鲁棒性。

4.2 应力积分算法概述

弹塑性材料的本构关系以增量的形式给出，除一些简单的情况外，不能采用解析法得到一定应变增量下对应的应力增量，因此一般需采用数值方法。弹塑性本构关系使一个无穷小的应力增量和一个无穷小的应变增量在一个给定的应力状态和塑性变形历史条件下建立了联系。然而，在有限元分析中，在每个加载步中施加的荷载不是无穷小的，而是一个有限值，所以导致应力和应变的增量也是一个有限值。因此，弹塑性本构关系必须进行数值积分，才能从有限的应变增量去计算有限的应力增量。

弹塑性本构模型应力积分的基本任务为，在第 $n+1$ 个增量步，需根据第 n 个增量步的应力状态 ${}^n\boldsymbol{\sigma}$ 和第 $n+1$ 个增量步的应变增量 $\Delta\boldsymbol{\varepsilon}$，计算更新第 $n+1$ 个增量步的应力状态 ${}^{n+1}\boldsymbol{\sigma}$。

弹塑性本构关系的数值积分有两种常用方法：子步算法和返回-映射算法。前者是显式的，而后者是隐式的。虽然应变增量的大小是已知的，但它们在增量过程中变化的方式是未知的。因此，数值积分算法需对此进行假设。不同的算法有不同的假设，这些假设会影响解的精度。

4.3 子步应力积分算法

4.3.1 概述

子步算法中，应变增量被分为若干子步。假设在每个子步中，应变 $\Delta\boldsymbol{\varepsilon}_{ss}$ 是应变增量 $\Delta\boldsymbol{\varepsilon}$ 的一个比例 ΔT。这可以表示为

$$\Delta\boldsymbol{\varepsilon}_{ss} = \Delta T \Delta\boldsymbol{\varepsilon}$$

在每一子步中，应变分量之间的比值与应变增量的比值相同，即应变增量成比例地变化。然后，采用欧拉格式、修正欧拉格式或 Runge-Kutta 格式对每个子步进行数值积

分。每个子步（即 ΔT）的大小可以变化，甚至可对数值积分设置允许误差来确定子步大小，以确保误差可忽略不计。

4.3.2　计算公式

4.3.2.1　弹塑性切向刚度矩阵的一般表达式

根据弹塑性应变的定义，从式（3-2）得到

$$d\boldsymbol{\varepsilon} = d\boldsymbol{\varepsilon}^e + d\boldsymbol{\varepsilon}^p \tag{4-14}$$

两边乘以弹性模量矩阵 $\boldsymbol{D}$ 得

$$\boldsymbol{D}\,d\boldsymbol{\varepsilon} = \boldsymbol{D}\,d\boldsymbol{\varepsilon}^e + \boldsymbol{D}\,d\boldsymbol{\varepsilon}^p \tag{4-15}$$

式中，$\boldsymbol{D}\,d\boldsymbol{\varepsilon}^e = d\boldsymbol{\sigma}$，$d\boldsymbol{\varepsilon}^p = d\lambda\dfrac{\partial g}{\partial \boldsymbol{\sigma}}$。

将它们代入式（4-15）得到

$$\boldsymbol{D}\,d\boldsymbol{\varepsilon} = d\boldsymbol{\sigma} + \boldsymbol{D}\,d\lambda\,\frac{\partial g}{\partial \boldsymbol{\sigma}} \tag{4-16a}$$

或者

$$d\boldsymbol{\sigma} = \boldsymbol{D}\,d\boldsymbol{\varepsilon} - \boldsymbol{D}\,d\lambda\,\frac{\partial g}{\partial \boldsymbol{\sigma}} \tag{4-16b}$$

为了推导 $d\boldsymbol{\sigma}$ 与 $d\boldsymbol{\varepsilon}$ 之间的关系式，可将 $d\lambda$ 表示成 $d\boldsymbol{\varepsilon}$ 的函数。

将式（4-16b）两边乘以 $\dfrac{1}{A}\left\{\dfrac{\partial f}{\partial \boldsymbol{\sigma}}\right\}^{\mathrm{T}}$ 则

$$\frac{1}{A}\left\{\frac{\partial f}{\partial \boldsymbol{\sigma}}\right\}^{\mathrm{T}} d\boldsymbol{\sigma} = \frac{1}{A}\left\{\frac{\partial f}{\partial \boldsymbol{\sigma}}\right\}^{\mathrm{T}}\left(\boldsymbol{D}\,d\boldsymbol{\varepsilon} - \boldsymbol{D}\,d\lambda\,\frac{\partial g}{\partial \boldsymbol{\sigma}}\right) \tag{4-17}$$

将 $\dfrac{1}{A}\left\{\dfrac{\partial f}{\partial \boldsymbol{\sigma}}\right\}^{\mathrm{T}} d\boldsymbol{\sigma} = d\lambda$ ［见式（3-18）］代入式（4-17），得到

$$d\lambda = \frac{1}{A}\left\{\frac{\partial f}{\partial \boldsymbol{\sigma}}\right\}^{\mathrm{T}}\left(\boldsymbol{D}\,d\boldsymbol{\varepsilon} - \boldsymbol{D}\,d\lambda\,\frac{\partial g}{\partial \boldsymbol{\sigma}}\right) \tag{4-18a}$$

或者

$$d\lambda\left(1 + \frac{1}{A}\left\{\frac{\partial f}{\partial \boldsymbol{\sigma}}\right\}^{\mathrm{T}}\boldsymbol{D}\,\frac{\partial g}{\partial \boldsymbol{\sigma}}\right) = \frac{1}{A}\left\{\frac{\partial f}{\partial \boldsymbol{\sigma}}\right\}^{\mathrm{T}}\boldsymbol{D}\,d\boldsymbol{\varepsilon} \tag{4-18b}$$

则

$$d\lambda = \frac{\left\{\dfrac{\partial f}{\partial \boldsymbol{\sigma}}\right\}^{\mathrm{T}}\boldsymbol{D}}{A + \left\{\dfrac{\partial f}{\partial \boldsymbol{\sigma}}\right\}^{\mathrm{T}}\boldsymbol{D}\,\dfrac{\partial g}{\partial \boldsymbol{\sigma}}}d\boldsymbol{\varepsilon} \tag{4-19}$$

在式（4-19）中，$d\lambda$ 用 $d\boldsymbol{\varepsilon}$ 来表示，将式（4-19）代入式（4-16b）则可得到 $d\boldsymbol{\sigma}$ 与 $d\boldsymbol{\varepsilon}$ 的关系式为

$$d\boldsymbol{\sigma} = \boldsymbol{D}\,d\boldsymbol{\varepsilon} - \frac{\boldsymbol{D}\,\dfrac{\partial g}{\partial \boldsymbol{\sigma}}\left\{\dfrac{\partial f}{\partial \boldsymbol{\sigma}}\right\}^{\mathrm{T}}\boldsymbol{D}}{A + \left\{\dfrac{\partial f}{\partial \boldsymbol{\sigma}}\right\}^{\mathrm{T}}\boldsymbol{D}\,\dfrac{\partial g}{\partial \boldsymbol{\sigma}}}d\boldsymbol{\varepsilon} = \left[\boldsymbol{D} - \frac{\boldsymbol{D}\,\dfrac{\partial g}{\partial \boldsymbol{\sigma}}\left\{\dfrac{\partial f}{\partial \boldsymbol{\sigma}}\right\}^{\mathrm{T}}\boldsymbol{D}}{A + \left\{\dfrac{\partial f}{\partial \boldsymbol{\sigma}}\right\}^{\mathrm{T}}\boldsymbol{D}\,\dfrac{\partial g}{\partial \boldsymbol{\sigma}}}\right]d\boldsymbol{\varepsilon} = \boldsymbol{D}_{ep}\,d\boldsymbol{\varepsilon} \tag{4-20}$$

其中

$$\boldsymbol{D}_{ep} = \boldsymbol{D} - \frac{\boldsymbol{D}\,\dfrac{\partial g}{\partial \boldsymbol{\sigma}}\left\{\dfrac{\partial f}{\partial \boldsymbol{\sigma}}\right\}^{\mathrm{T}}\boldsymbol{D}}{A + \left\{\dfrac{\partial f}{\partial \boldsymbol{\sigma}}\right\}^{\mathrm{T}}\boldsymbol{D}\,\dfrac{\partial g}{\partial \boldsymbol{\sigma}}} \tag{4-21a}$$

式中：$\boldsymbol{D}_{ep}$ 为弹塑性模量矩阵。

对于关联流动法则 $g = f$，则

$$\boldsymbol{D}_{ep} = \boldsymbol{D} - \frac{\boldsymbol{D} \left\{ \dfrac{\partial f}{\partial \boldsymbol{\sigma}} \right\} \left\{ \dfrac{\partial f}{\partial \boldsymbol{\sigma}} \right\}^{\mathrm{T}} \boldsymbol{D}}{A + \left\{ \dfrac{\partial f}{\partial \boldsymbol{\sigma}} \right\}^{\mathrm{T}} \boldsymbol{D} \left\{ \dfrac{\partial f}{\partial \boldsymbol{\sigma}} \right\}} \tag{4-21b}$$

此时它是一个对称矩阵。

4.3.2.2 屈服函数和势函数对应力求偏导

对于三维问题

$$\boldsymbol{\sigma}^{\mathrm{T}} = \begin{bmatrix} \sigma_x & \sigma_y & \sigma_z & \tau_{xy} & \tau_{xz} & \tau_{yz} \end{bmatrix}$$

$$\left\{ \frac{\partial f}{\partial \boldsymbol{\sigma}} \right\}^{\mathrm{T}} = \begin{bmatrix} \dfrac{\partial f}{\partial \sigma_x} & \dfrac{\partial f}{\partial \sigma_y} & \dfrac{\partial f}{\partial \sigma_z} & \dfrac{\partial f}{\partial \tau_{xy}} & \dfrac{\partial f}{\partial \tau_{xz}} & \dfrac{\partial f}{\partial \tau_{yz}} \end{bmatrix} \tag{4-22}$$

通常，加载函数 f 用 I_1、J_2、J_3 等表示为 $f(I_1, J_2, J_3)$，因此

$$\frac{\partial f}{\partial \boldsymbol{\sigma}} = \frac{\partial f}{\partial I_1} \frac{\partial I_1}{\partial \boldsymbol{\sigma}} + \frac{\partial f}{\partial J_2} \frac{\partial J_2}{\partial \boldsymbol{\sigma}} + \frac{\partial f}{\partial J_3} \frac{\partial J_3}{\partial \boldsymbol{\sigma}} \tag{4-23}$$

$$\left\{ \frac{\partial I_1}{\partial \boldsymbol{\sigma}} \right\}^{\mathrm{T}} = \begin{bmatrix} 1 & 1 & 1 & 0 & 0 & 0 \end{bmatrix} \tag{4-24a}$$

$$\left\{ \frac{\partial J_2}{\partial \boldsymbol{\sigma}} \right\}^{\mathrm{T}} = \begin{bmatrix} s_x & s_y & s_z & 2\tau_{xy} & 2\tau_{xz} & 2\tau_{yz} \end{bmatrix} \tag{4-24b}$$

$$\left\{ \frac{\partial J_3}{\partial \boldsymbol{\sigma}} \right\}^{\mathrm{T}} = \left[\frac{1}{3} J_2 + s_y s_z - \tau_{yz}^2 \quad \frac{1}{3} J_2 + s_x s_z - \tau_{xz}^2 \quad \frac{1}{3} J_2 + s_x s_y - \tau_{xy}^2 \right.$$

$$\left. 2(\tau_{yz}\tau_{xz} - s_z\tau_{xy}) \quad 2(\tau_{xy}\tau_{yz} - s_y\tau_{xz}) \quad 2(\tau_{xy}\tau_{xz} - s_x\tau_{yz}) \right] \tag{4-24c}$$

在求出 $\partial f/\partial I_1$、$\partial f/\partial J_2$、$\partial f/\partial J_3$ 后，代入式（4-23），即可得到 $\partial f/\partial \boldsymbol{\sigma}$。

由式（4-3）、式（4-5）可求出 $\partial f/\partial I_1$ 等偏导数。对于莫尔-库仑准则而言，可求得

$$\begin{cases} \dfrac{\partial f}{\partial I_1} = \sin\phi \\[2mm] \dfrac{\partial f}{\partial J_2} = \dfrac{\sqrt{3}}{4\sqrt{J_2}} \left[\sqrt{3}(1-\sin\theta)(\sin\theta + \cos\theta\cot3\theta) + (3+\sin\theta)(\cos\theta - \sin\theta\cot3\theta) \right] \\[2mm] \dfrac{\partial f}{\partial J_3} = \dfrac{3\left[(3+\sin\phi)\sin\theta - \sqrt{3}(1-\sin\phi)\cos\theta \right]}{4J_2\sin3\theta} \end{cases} \tag{4-25}$$

对于德鲁克-普拉格准则而言，可求得：

$$\begin{cases} \dfrac{\partial f}{\partial I_1} = \alpha \\[2mm] \dfrac{\partial f}{\partial J_2} = \dfrac{1}{2\sqrt{J_2}} \\[2mm] \dfrac{\partial f}{\partial J_3} = 0 \end{cases} \tag{4-26}$$

29

利用式（4-23）和式（4-24），不难求出其他各种屈服函数对应分量的偏导数。

塑性势函数 g 通常也表示为 $g(I_1, J_2, J_3)$，同样可用式（4-23）和式（4-24）计算，只要把式中的函数 f 换成 g 就可以了。

4.3.2.3　屈服面上的奇点

对于莫尔-库仑准则，当 $\theta=0$ 及 $\theta=60°$ 时，屈服曲面出现角点，这时，塑性应变的方向是不定的。从式（4-24）可以看出，当 $\theta=0$ 及 $\theta=60°$ 时，$\partial f/\partial J_2$ 和 $\partial f/\partial J_3$ 均无法计算。为了克服数值计算上的困难，回到式（4-3），得到

$$
\left.
\begin{aligned}
f = I_1 \sin\phi + \frac{\sqrt{3}}{2}(3+\sin\phi)\sqrt{J_2} - 3c\cos\phi = 0 \quad (\theta=0) \\
f = I_1 \sin\phi + \frac{\sqrt{3}}{2}(3-\sin\phi)\sqrt{J_2} - 3c\cos\phi = 0 \quad (\theta=60°)
\end{aligned}
\right\}
\tag{4-27}
$$

由式（4-27）得到

$$
\frac{\partial f}{\partial I_1} = \sin\phi, \quad \frac{\partial f}{\partial J_2} = \frac{\sqrt{3}}{4\sqrt{J_2}}(3+\sin\phi), \quad \frac{\partial f}{\partial J_3} = 0 \quad (\theta=0)
\tag{4-28a}
$$

$$
\frac{\partial f}{\partial I_1} = \sin\phi, \quad \frac{\partial f}{\partial J_2} = \frac{\sqrt{3}}{4\sqrt{J_2}}(3-\sin\phi), \quad \frac{\partial f}{\partial J_3} = 0 \quad (\theta=60)
\tag{4-28b}
$$

当 $\theta=0$ 及 $\theta=60°$ 时，利用式（4-28）计算，当 $1°\leqslant\theta\leqslant59°$ 时，利用式（4-25）计算。

采用上述算法，可以唯一确定莫尔-库仑准则角点上的塑性应变方向，相当于把屈服面上的角点修圆了。

4.3.3　子步算法的计算流程

1. 试探应力计算

施加应变增量后，对于任一点，不知道其应力是处于弹性还是塑性状态，只好暂时忽略材料的塑性，由下式计算试探应力：

$$
{}^{n+1}\boldsymbol{\sigma}^* = {}^{n}\boldsymbol{\sigma} + D\Delta\boldsymbol{\varepsilon}
\tag{4-29}
$$

把上述试探应力代入屈服条件，如果材料未屈服，则表明此时材料的行为是弹性的，施加应变增量后的应力即等于试探应力，即

$$
{}^{n+1}\boldsymbol{\sigma} = {}^{n+1}\boldsymbol{\sigma}^*
\tag{4-30}
$$

以上计算中假定下一步内弹性模量为常数，并等于上一步末尾时的数值。如果应变增量 $\Delta\boldsymbol{\varepsilon}$ 比较小，上述假定对计算精度的影响是不大的。如果应变增量比较大，或材料的弹性非线性比较强（如修正剑桥模型），可以把应变增量等分为 n 份进行施加，每次计算都采用当时的弹性模量。

2. 比例因子计算

如果验算的结果破坏了屈服准则，则表明该积分点已进入塑性状态。这时又可分为两种情况：一种情况是增量步开始时的应力处于屈服面以内，如图 4-6（a）所示；另一种情况是开始时的应力正好处于屈服面上，如图 4-6（b）所示。

对于第 1 种情况，如图 4-6（a）所示。假设本步开始时的应力在 A 点，并且符合条件

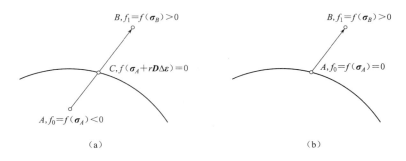

图 4-6 屈服面上应力的调整

（a）从弹性状态进入塑性状态；（b）从一个塑性状态进入另一个塑性状态

$$f_0 = f(\boldsymbol{\sigma}_A) < 0 \tag{4-31}$$

上式表明此时材料处于弹性状态。施加荷载增量后，完全忽略塑性，按弹性计算，应力路径在 C 点穿过屈服面到达 B 点，其应力状态为 $\boldsymbol{\sigma}_B$，这时

$$f_1 = f(\boldsymbol{\sigma}_B) > 0 \tag{4-32}$$

表明屈服条件被破坏了。现在，把荷载增量分为两部分：一部分是弹性的，与应力路径 AC 相应；另一部分是塑性的，它控制在 C 点达到屈服面以后的行为。为了决定 C 点的位置，设

$$\boldsymbol{\sigma}_C = \boldsymbol{\sigma}_A + r\Delta\boldsymbol{\sigma}^e \tag{4-33}$$

式中，r 为一个比例因子。

因为 C 点处于屈服面上，显然它应该满足屈服条件：

$$f(\boldsymbol{\sigma}_C) = f(^n\boldsymbol{\sigma} + r\boldsymbol{D}\Delta\boldsymbol{\varepsilon}) = 0 \tag{4-34}$$

按理说，由式（4-34）可求出 r 值。但实际上，除了一些极简单的屈服函数外，由式（4-34）直接求 r 是困难的，因此需采用数值算法计算，如二分法。

对于第 2 种情况，增量步开始时的应力正好处于屈服面上，则比例因子 r 为 0。

3. 应变子步加载

应变增量已被分为两部分：弹性应变增量 $r\Delta\boldsymbol{\varepsilon}$ 和弹塑性应变增量 $(1-r)\Delta\boldsymbol{\varepsilon}$，将后者划分为 n 等份，对每份应变增量 $\Delta\boldsymbol{\varepsilon}_{ss}$，按下式计算应力增量：

$$\Delta\boldsymbol{\sigma} = (\boldsymbol{D} - \boldsymbol{D}_p)\Delta\boldsymbol{\varepsilon}_{ss} = \boldsymbol{D}_{ep}\Delta\boldsymbol{\varepsilon}_{ss} \tag{4-35}$$

则第 $n+1$ 个增量步的应力状态 $^{n+1}\boldsymbol{\sigma}$ 按下式计算：

$$^{n+1}\boldsymbol{\sigma} = {}^n\boldsymbol{\sigma} + \boldsymbol{D}r\Delta\boldsymbol{\varepsilon} + \sum_{i=1}^{n} \boldsymbol{D}_{ep}^{(i)}(1-r)\Delta\boldsymbol{\varepsilon}/n \tag{4-36}$$

其中，每个子步的切向刚度矩阵 $\boldsymbol{D}_{ep}^{(i)}$ 都按更新后的应力进行计算。

4. 应力拉回屈服面

在每个子步应变增量施加后，按式（4-35）进行应力积分，一般来说，更新的应力不会严格满足屈服条件，即

$$f_3 = f(^{n+1}\boldsymbol{\sigma}) \neq 0 \tag{4-37}$$

在计算中，这种误差是会积累的，因此必须进一步修正，使应力回到屈服面上。

把屈服函数作一阶泰勒展开，得

$$\mathrm{d}f = \left\{\frac{\partial f}{\partial \boldsymbol{\sigma}}\right\}^T \mathrm{d}\boldsymbol{\sigma} \qquad (4-38)$$

假设应力的修正是沿着屈服曲面的法线方向进行的，则

$$\delta\boldsymbol{\sigma} = a\left\{\frac{\partial f}{\partial \boldsymbol{\sigma}}\right\} \qquad (4-39)$$

式中：a 为一个标量；$\delta\boldsymbol{\sigma}$ 为应力修正向量。

把式 (4-37)、式 (4-39) 代入式 (4-38)，得到

$$\mathrm{d}f = -f_3 = \left\{\frac{\partial f}{\partial \boldsymbol{\sigma}}\right\}^T \delta\boldsymbol{\sigma} = a\left\{\frac{\partial f}{\partial \boldsymbol{\sigma}}\right\}^T \frac{\partial f}{\partial \boldsymbol{\sigma}} \qquad (4-40)$$

由此求出 a，得

$$a = -\frac{f_3}{\{\partial f/\partial \boldsymbol{\sigma}\}^T \partial f/\partial \boldsymbol{\sigma}} \qquad (4-41)$$

代入式 (4-39)，得到应力修正量为

$$\delta\boldsymbol{\sigma} = -\frac{\{\partial f/\partial \boldsymbol{\sigma}\}f_3}{\{\partial f/\partial \boldsymbol{\sigma}\}^T \{\partial f/\partial \boldsymbol{\sigma}\}} \qquad (4-42)$$

应力修正后，第 $n+1$ 个增量步的应力状态为

$$^{n+1}\boldsymbol{\sigma} = {}^{n+1}\boldsymbol{\sigma} + \delta\boldsymbol{\sigma} \qquad (4-43)$$

4.3.4　子步算法的计算步骤

把上述算法归纳一下，得到计算 $^{n+1}\boldsymbol{\sigma}$ 的步骤如下：

(1) 计算弹性应力增量 $\Delta\boldsymbol{\sigma}^e = \boldsymbol{D}_e\Delta\boldsymbol{\varepsilon}$ 及试探应力 $^{n+1}\boldsymbol{\sigma}^* = {}^n\boldsymbol{\sigma} + \Delta\boldsymbol{\sigma}^e$。

(2) 计算相应于 $^{n+1}\boldsymbol{\sigma}^*$ 的屈服函数，$f_1 = f(^{n+1}\boldsymbol{\sigma}^*)$，并计算相应于 $^n\boldsymbol{\sigma}$ 的瞬时屈服函数，计算 $f_0 = f(^n\boldsymbol{\sigma})$。

(3) 若 f_1 为负值，表明处于弹性状态，省去以下各步计算，令 $^{n+1}\boldsymbol{\sigma} = {}^{n+1}\boldsymbol{\sigma}^*$，否则转入下面的计算。

(4) 二分法计算比例因子 r。

(5) 计算 $^{n+1}\boldsymbol{\sigma} = {}^n\boldsymbol{\sigma} + r\Delta\boldsymbol{\sigma}^e$。

(6) 决定子步数 n，重复 (7)~(11) 步 n 次。

(7) 计算子步 i 的应变增量 $\mathrm{d}\boldsymbol{\varepsilon}_i = [(1-r)/n]\Delta\boldsymbol{\varepsilon}$。

(8) 由式 (4-23)、式 (4-21b)，计算 $\{\partial f/\partial \boldsymbol{\sigma}\}$、$\{\partial g/\partial \boldsymbol{\sigma}\}$ 和 D_{ep}。

(9) 计算 $\mathrm{d}\boldsymbol{\sigma}_i = \boldsymbol{D}_{ep}^{(i)}\mathrm{d}\boldsymbol{\varepsilon}_i$。

(10) 更新应力 $^{n+1}\boldsymbol{\sigma} = {}^{n+1}\boldsymbol{\sigma} + \mathrm{d}\boldsymbol{\sigma}_i$。

(11) 由式 (4-43) 计算 $\delta\boldsymbol{\sigma}$，修正的应力为 $^{n+1}\boldsymbol{\sigma} = {}^{n+1}\boldsymbol{\sigma} + \delta\boldsymbol{\sigma}$。

(12) 根据应力增加计算弹性应变增量 $\Delta\boldsymbol{\varepsilon}^e$。

(13) 计算塑性应变增量 $\Delta\boldsymbol{\varepsilon}^p = \Delta\boldsymbol{\varepsilon} - \Delta\boldsymbol{\varepsilon}^e$。

图 4-7 为子步算法流程图。

4.3.5　子步算法的计算程序

莫尔-库仑理想弹塑性模型数值积分计算程序如下。

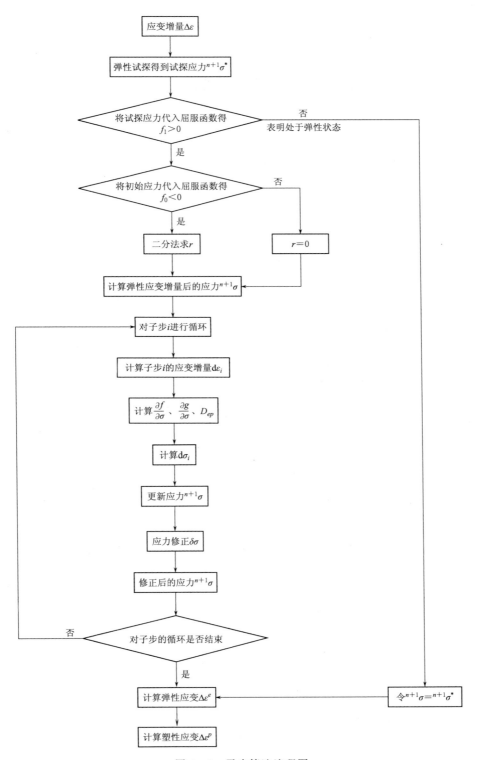

图 4-7 子步算法流程图

1. 子程序 MC _ explicit

源代码位置：程序 4-1。

功能：基于子步算法的莫尔-库仑理想弹塑性模型数值积分计算。

程序 4-1   **MC _ explicit**

```
function [stress,dpstrain]=MC_explicit(stress0,dstrain,E,v,c,phi,psi)
nstep=100;
tol=10^-6;
dee=getD(E,v);
dstress=dee * dstrain;
try_stress=stress0+dstress;
f0=getF(stress0,c,phi);
f1=getF(try_stress,c,phi);
if f1>tol
    r=0;
    if f0<-tol
        r=1;
        a=0;
        b=1;
        for idd=1:100
            f2=getF(stress0+dstress * r,c,phi);
            if f2>tol
                b=r;
                r=(a+b)/2;
            elseif f2<-tol
                a=r;
                r=(a+b)/2;
            else
                break
            end
        end
    end
    stress=stress0+dstress * r;
    for istep=1:nstep
        cur_dstrain=dstrain * (1-r)/nstep;
        dfds=getdFds(stress,c,phi);
        dqds=getdFds(stress,c,psi);
        deep=dee * dqds * dfds' * dee/(dfds' * dee * dqds);
        deeep=dee - deep;
        stress=stress+deeep * cur_dstrain;
        dFds=getdFds(stress,c,phi);
        f3=getF(stress,c,phi);
        cur_dstress_m=-dFds * f3/(dFds' * dFds);
```

```
            stress=stress+cur_dstress_m;
        end
else
        stress=try_stress;
end
C=1/E*[1,-v,-v,0,0,0;
            -v,1,-v,0,0,0;
            -v,-v,1,0,0,0;
            0,0,0,2*(1+v),0,0;
            0,0,0,0,2*(1+v),0;
            0,0,0,0,0,2*(1+v)];
dstrain_elas=C*(stress-stress0);
dpstrain=dstrain-dstrain_elas;
end
```

2. 子程序 getD

源代码位置：程序 4-2。

功能：计算弹性刚度矩阵。

程序 4-2   **getD**

```
function D=getD(E,v)
D=[(1-v),v,v,0,0,0;
    v,(1-v),v,0,0,0;
    v,v,(1-v),0,0,0;
    0,0,0,(1-2*v)/2,0,0;
    0,0,0,0,(1-2*v)/2,0;
    0,0,0,0,0,(1-2*v)/2];
D=E/((1+v)*(1-2*v))*D;
end
```

3. 子程序 getI1J2theta

源代码位置：程序 4-3。

功能：计算应力不变量。

程序 4-3   **getI1J2theta**

```
function [I1,J2,theta]=getI1J2theta(stress0)
I1=stress0(1)+stress0(2)+stress0(3);
J2=((stress0(1)-stress0(2))^2+(stress0(2)-stress0(3))^2+...
(stress0(3)-stress0(1))^2)/6+stress0(4)^2+stress0(5)^2+stress0(6)^2;
sx=stress0(1)-I1/3;
sy=stress0(2)-I1/3;
```

```
sz＝stress0(3)－I1/3;
txy＝stress0(4);
txz＝stress0(5);
tyz＝stress0(6);
J3＝sx * sy * sz＋2 * txy * tyz * txz－sx * tyz * tyz－sy * txz * txz－sz * txy * txy;
if abs(J2)＜1e－6
    theta＝0;
else
    temp＝3 * (3^0.5) * J3/(2 * J2^1.5);
    if temp＜－1＋1.e－6
        temp＝－1＋1.e－6;
    elseif temp＞1－1.e－6
        temp＝1－1.e－6;
    end
    theta＝acosd(temp)/3;
end
end
```

4. 子程序 getF

源代码位置：程序 4 - 4。

功能：计算莫尔-库仑屈服函数。

程序 4 - 4　　　　　　　　　　　　　　　**getF**

```
function yieldfunction＝getF(stress0,c,phi)
[I1,J2,theta]＝getI1J2theta(stress0);
if theta＜1
        yieldfunction＝I1 * sind(phi)＋(3^0.5 * (3＋sind(phi))) * J2^0.5/2...
                        －3 * c * cosd(phi);
elseif theta＞59
        yieldfunction＝I1 * sind(phi)＋(3^0.5 * (3－sind(phi))) * J2^0.5/2...
                        －3 * c * cosd(phi);
else
        yieldfunction＝I1 * sind(phi)＋(3 * (1－sind(phi)) * sind(theta)＋...
        (3^0.5) * (3＋sind(phi)) * cosd(theta)) * J2^0.5/2－3 * c * cosd(phi);
end
end
```

5. 子程序 getdFds

源代码位置：程序 4 - 5。

功能：计算莫尔-库仑屈服函数的偏导。

程序 4 - 5   **getdFds**

```
function dFds=getdFds(stress0,c,phi)
[I1,J2,theta]=getI1J2theta(stress0);
dFdI1=sind(phi);
if theta>1 && theta<59
    dFdJ2=3^0.5/(4*J2^0.5)*(3^0.5*(1-sind(phi))*(sind(theta)+...
cosd(theta)*cotd(3*theta))+(3+sind(phi))*(cosd(theta)-sind(theta)*...
cotd(3*theta)));
    dFdJ3=3*((3+sind(phi))*sind(theta)-3^0.5*(1-sind(phi))*...
cosd(theta))/(4*J2*sind(3*theta));
elseif theta<1
    dFdJ2=3^0.5*(3+sind(phi))/(4*J2^0.5);
    dFdJ3=0;
else
    dFdJ2=3^0.5*(3-sind(phi))/(4*J2^0.5);
    dFdJ3=0;
end
sx=stress0(1)-I1/3;
sy=stress0(2)-I1/3;
sz=stress0(3)-I1/3;
txy=stress0(4);
txz=stress0(5);
tyz=stress0(6);
dI1ds=[1;1;1;0;0;0];
dJ2ds=[sx;sy;sz;2*txy;2*txz;2*tyz];
dJ3ds=[J2/3+sy*sz-tyz^2;J2/3+sx*sz-txz^2;J2/3+sx*sy-txy^2;...
2*(tyz*txz-sz*txy);2*(txy*tyz-sy*txz);2*(txy*txz-sx*tyz)];
dFds=dFdI1*dI1ds+dFdJ2*dJ2ds+dFdJ3*dJ3ds;
end
```

4.4 回 归-映 射 算 法

4.4.1 概述

    回归-映射算法假设塑性应变增量根据数值积分后的应力状态进行计算。由于该应力状态是未知的，因此回归-映射算法属于隐式算法。回归-映射算法一般是先进行弹性试探，再通过一个复杂的迭代子算法将应力状态拉回屈服面，如图 4 - 8 所示。

    在向前欧拉算法中，塑性应变率 $\dot{\boldsymbol{\varepsilon}}^p$ 和内部变量率 $\dot{H}$ 都是在第 n 个增量步处计算的。相反，在向后欧拉算法中，它们是在第 $n+1$ 个增量步处计算的，最终应力 $^{n+1}\boldsymbol{\sigma}$ 必须满足在第 $n+1$ 个增量步处的屈服条

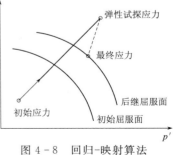

图 4 - 8 回归-映射算法

37

件，即

$$f(^{n+1}\boldsymbol{\sigma}, {}^{n+1}\boldsymbol{H}) = 0$$

$$^{n+1}\boldsymbol{\sigma} = {}^{n}\boldsymbol{\sigma} + \boldsymbol{D} : (\Delta\boldsymbol{\varepsilon} - \Delta\boldsymbol{\varepsilon}^p) \qquad (4-44)$$

式（4-44）中的第二个等式可以改写为

$$^{n+1}\boldsymbol{\sigma} = {}^{n+1}\boldsymbol{\sigma}^* + \Delta\boldsymbol{\sigma} \qquad (4-45)$$

$$^{n+1}\boldsymbol{\sigma}^* = {}^{n}\boldsymbol{\sigma} + \boldsymbol{D} : \Delta\boldsymbol{\varepsilon} \qquad (4-46)$$

$$^{n+1}\Delta\boldsymbol{\sigma} = -\boldsymbol{D} : \Delta\boldsymbol{\varepsilon}^p \qquad (4-47)$$

式中：$^{n+1}\boldsymbol{\sigma}^*$ 为弹性试探应力；$\Delta\boldsymbol{\sigma}$ 为塑性修正应力。

$\Delta\boldsymbol{\sigma}$ 使弹性试验应力在第 $n+1$ 个增量步处沿塑性流动方向 $^{n+1}\boldsymbol{r}$ 返回到更新后的屈服面 $^{n+1}f = 0$，如图 4-9 所示。

4.4.2　返回映射算法的应力更新方法

本节以带拉应力截断的德鲁克-普拉格模型为例，介绍返回映射算法的应力更新方法。

如果发生剪切屈服，应根据剪切塑性势 g^s 确定的塑性流动，将弹性试验应力修正至屈服面 $f = 0$。修正后的应力 $^{n+1}\boldsymbol{\sigma}$ 必须满足第 $n+1$ 个增量步的屈服条件，即

$$f(^{n+1}\sigma_{ij}) = f(^{n+1}\sigma_{ij}^* - \boldsymbol{D}_{ijkl}\Delta\varepsilon_{kl}^p) = 0 \qquad (4-48)$$

用关于弹性试应力点 $^{n+1}\sigma_{ij}^*$ 的一阶泰勒级数逼近式（4-48）得出

$$f(^{n+1}\sigma_{ij}^*) - \frac{\partial f}{\partial\sigma_{ij}}\boldsymbol{D}_{ijkl}\Delta\varepsilon_{kl}^p = 0 \qquad (4-49)$$

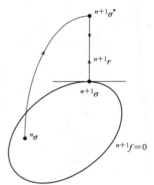

图 4-9　关联塑性流动的
返回映射算法

式中，塑性应变增量 $\Delta\varepsilon_{kl}^p$ 是根据剪切塑性势 g^s 确定的，即

$$\Delta\varepsilon_{kl}^p = \Delta\lambda^s \frac{\partial g^s}{\partial\sigma_{kl}} \qquad (4-50)$$

式中：$\Delta\lambda^s$ 为塑性加载参数。

将式（4-50）代入式（4-49）得到

$$\Delta\lambda^s = \frac{f(^{n+1}\sigma_{ij}^*)}{\dfrac{\partial f}{\partial\sigma_{ij}}\boldsymbol{D}_{ijkl}\dfrac{\partial g^s}{\partial\sigma_{kl}}} \qquad (4-51)$$

对于各向同性弹性材料

$$\boldsymbol{D}_{ijkl}\frac{\partial g^s}{\partial\sigma_{kl}} = 2G\left(\frac{\partial g^s}{\partial\sigma_{ij}} - \frac{1}{3}\frac{\partial g^s}{\partial\sigma_{kl}}\delta_{kl}\delta_{ij}\right) + K\frac{\partial g^s}{\partial\sigma_{kl}}\delta_{kl}\delta_{ij} \qquad (4-52)$$

将式（4-52）代入式（4-51），塑性加载参数 $\Delta\lambda^s$ 可重写为

$$\Delta\lambda^s = \frac{f(^{n+1}\sigma_{ij}^*)}{2G\dfrac{\partial f}{\partial\sigma_{ij}}\left(\dfrac{\partial g^s}{\partial\sigma_{ij}} - \dfrac{1}{3}\dfrac{\partial g^s}{\partial\sigma_{kl}}\delta_{kl}\delta_{ij}\right) + K\dfrac{\partial f}{\partial\sigma_{ij}}\dfrac{\partial g^s}{\partial\sigma_{kl}}\delta_{kl}\delta_{ij}} \qquad (4-53)$$

由式（4-6）、式（4-10），可得

$$\frac{\partial f}{\partial \sigma_{ij}} = \frac{\partial f}{\partial J_2}\frac{\partial J_2}{\partial \sigma_{ij}} + \frac{\partial f}{\partial I_1}\frac{\partial I_1}{\partial \sigma_{ij}} = \frac{s_{ij}}{2\sqrt{J_2}} + \alpha\delta_{ij} \qquad (4-54)$$

$$\frac{\partial g^s}{\partial \sigma_{ij}} = \frac{\partial g^s}{\partial J_2}\frac{\partial J_2}{\partial \sigma_{ij}} + \frac{\partial g^s}{\partial I_1}\frac{\partial I_1}{\partial \sigma_{ij}} = \frac{s_{ij}}{2\sqrt{J_2}} + \alpha_\psi\delta_{ij} \qquad (4-55)$$

将式（4-54）和式（4-55）代入式（4-53）并调用方程式 $s_{ij}\delta_{ij}=0$ 和 $\delta_{ij}\delta_{ij}=3$，可得德鲁克-普拉格模型中的塑性加载参数 $\Delta\lambda^s$：

$$\Delta\lambda^s = \frac{f(^{n+1}\boldsymbol{\sigma}^*)}{G+9K\alpha\alpha_\psi} \qquad (4-56)$$

基于式（4-50）和式（4-55），偏塑性应变增量 Δe_{ij}^p 和体积塑性应变增量 $\Delta\varepsilon_{kk}^p$ 可由以下公式得到

$$\Delta e_{ij}^p = \Delta\lambda^s\frac{s_{ij}}{2\sqrt{J_2}} \qquad (4-57)$$

$$\Delta\varepsilon_{kk}^p = 3\Delta\lambda^s\alpha_\psi \qquad (4-58)$$

将式（4-57）和式（4-58）代入 $s = s^* - 2G\Delta e_{ij}^p$ 和 $I_1 = I_1^* - 3K\Delta\varepsilon_{kk}^p$，可以发现在第 $n+1$ 个增量步的更新偏应力和应力的第一不变量为

$$s_{ij} = s_{ij}^* - G\Delta\lambda^s\frac{s_{ij}}{\sqrt{J_2}} \qquad (4-59)$$

$$I_1 = I_1^* - 9K\alpha_\psi\Delta\lambda^s \qquad (4-60)$$

由式（4-59），更新的偏应力公式可重写为

$$s_{ij} = \frac{\sqrt{J_2}}{\sqrt{J_2}+G\Delta\lambda^s}s_{ij}^* \qquad (4-61)$$

式中，$\sqrt{J_2}$ 可从屈服条件 $^{n+1}f=0$ 在第 $n+1$ 个增量步得到

$$\sqrt{J_2} = k - \alpha I_1 \qquad (4-62)$$

一般情况下，采用回归映射算法，应力返回屈服面需要通过多次的迭代才能实现。但对于德鲁克-普拉格模型而言，由于其简洁性，只需一步即可将应力返回屈服面，且返回的方向为径向。

对于拉伸屈服，取拉伸屈服函数［式（4-11）］和拉伸塑性势［式（4-13）］关于应力的导数，得出

$$\frac{\partial f^t}{\partial \sigma_{ij}} = \frac{\partial f^t}{\partial J_2}\frac{\partial J_2}{\partial \sigma_{ij}} + \frac{\partial f^t}{\partial I_1}\frac{\partial I_1}{\partial \sigma_{ij}} = \frac{1}{3}\delta_{ij} \qquad (4-63)$$

$$\frac{\partial g^t}{\partial \sigma_{ij}} = \frac{\partial g^t}{\partial J_2}\frac{\partial J_2}{\partial \sigma_{ij}} + \frac{\partial g^t}{\partial I_1}\frac{\partial I_1}{\partial \sigma_{ij}} = \frac{1}{3}\delta_{ij} \qquad (4-64)$$

将式（4-63）和式（4-64）代入式（4-53），塑性加载参数可化为

$$\Delta\lambda^t = \frac{f'(^{n+1}\boldsymbol{\sigma}^*)}{K} = \frac{^{n+1}\{I_1\}^* - 3\sigma^t}{3K} \tag{4-65}$$

塑性应变增量可从塑性流动规律中获得

$$\Delta\varepsilon_{ij}^p = \Delta\lambda^t \frac{\partial g^t}{\partial \sigma_{ij}} = \frac{1}{3}\Delta\lambda^t \delta_{ij} \tag{4-66}$$

由式（4-66）可得出体积塑性应变增量：

$$\Delta\varepsilon_{kk}^p = \Delta\lambda^t \tag{4-67}$$

将式（4-67）代入$^{n+1}\{I_1\} = {}^{n+1}\{I_1\}^* - 3K\Delta\varepsilon_{kk}^p$并调用式（4-65），得到在第 $n+1$ 个增量步的应力的第一不变量：

$$^{n+1}\{I_1\} = {}^{n+1}\{I_1\}^* - 3K\Delta\lambda^t = 3\sigma^t \tag{4-68}$$

对于拉伸屈服，仅更新应力的第一不变量，偏应力保持不变（即$^{n+1}s = {}^{n+1}s^*$）。因此，在第 $n+1$ 个增量步的应力为

$$^{n+1}\sigma_{ij} = {}^{n+1}s_{ij}^* + \sigma^t\delta_{ij} = {}^{n+1}\sigma_{ij}^* + \left(\sigma^t - {}^{n+1}\left\{\frac{I_1}{3}\right\}^*\right)\delta_{ij} \tag{4-69}$$

4.4.3　回归映射算法的计算流程

基于上述讨论，为了简化计算，德鲁克-普拉格理想弹塑性模型的数值算法可总结如下：

（1）由式（4-8）或式（4-9），计算参数：k，α，α_ψ。

（2）若进行拉应力截断，则取 σ^t 为截断应力，取 $\sigma^t = \sigma_{max}^t$；若不进行拉应力截断，则由式（4-11），计算最大抗拉强度 σ_{max}^t。

（3）计算弹性应力增量 $\Delta\boldsymbol{\sigma}^e = \boldsymbol{D}_e\Delta\boldsymbol{\varepsilon}$ 及试探应力$^{n+1}\boldsymbol{\sigma}^* = {}^n\boldsymbol{\sigma} + \Delta\boldsymbol{\sigma}^e$。

（4）计算试探试验偏应力$^{n+1}s^*$和弹性试探应力的第一不变量$^{n+1}\{I_1\}^*$。

（5）由式（4-10），计算拉伸屈服函数 f^t。若 $f^t \geqslant 0$，则发生拉伸屈服，通过式（4-65），计算塑性加载参数 $\Delta\lambda^t$，然后通过式（4-68），更新应力的第一不变量$^{n+1}\{I_1\}$。

（6）由式（4-5），计算剪切屈服函数 f^s。若 $f \geqslant 0$，则发生剪切屈服，通过式（4-56），计算塑性加载参数 $\Delta\lambda^s$，然后通过式（4-60），更新应力的第一不变量$^{n+1}\{I_1\}$。

（7）通过式（4-62），计算$^{n+1}\{\sqrt{J_2}\}$。

（8）由式（4-61），更新偏应力^{n+1}s。

（9）更新应力$^{n+1}\boldsymbol{\sigma} = {}^{n+1}s + {}^{n+1}\left\{\frac{I_1}{3}\right\}$。

（10）计算弹性应变增量 $\Delta\boldsymbol{\varepsilon}^e$。

（11）计算塑性应变增量 $\Delta\boldsymbol{\varepsilon}^p = \Delta\boldsymbol{\varepsilon} - \Delta\boldsymbol{\varepsilon}^e$。

图 4-10 为德鲁克-普拉格模型的数值算法流程。

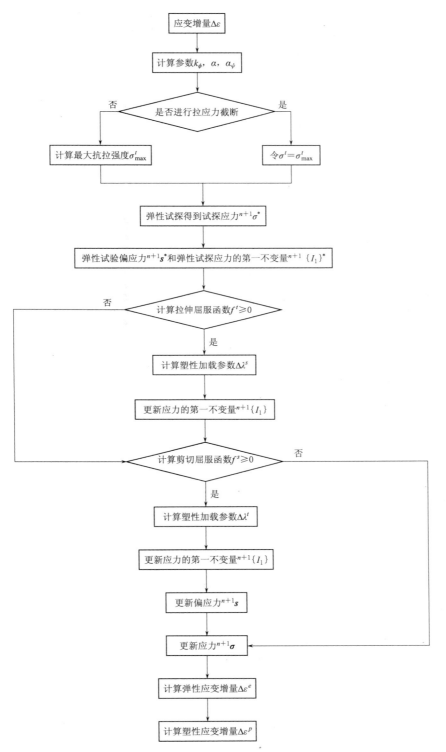

图 4-10 德鲁克-普拉格模型的数值算法流程图

4.4.4　回归映射算法的计算程序

德鲁克-普拉格理想弹塑性模型数值积分计算程序如下。

程序 4-6　　　　　　　　　　　　　　　**DP _ implicit**

```
function [sigma,dpdedt]=DP_implicit(sigma0,dedt,E,v,c,phi,psi)
K=E/(3*(1-2*v));
G=E/(2*(1+v));
alpha=(2*sind(phi))/(3^0.5*(3-sind(phi)));
k=(6*c*cosd(phi))/(3^0.5*(3-sind(phi)));
alpha_psi=(2*sind(psi))/(3^0.5*(3-sind(psi)));
tenf=0;
if alpha<=1.e-6
    tenf=0;
else
    tenf=k/(3*alpha);
end
D=[(1-v),v,v,0,0,0;v,(1-v),v,0,0,0;v,v,(1-v),0,0,0;0,0,0,(1-2*v)/2,0,0;0,0,0,0,(1-2*v)/2,0;
0,0,0,0,0,(1-2*v)/2];
dee=E/((1+v)*(1-2*v))*D;
sigma=sigma0+dee*dedt;
I1=sigma(1)+sigma(2)+sigma(3);
sigma(1)=sigma(1)-I1/3;
sigma(2)=sigma(2)-I1/3;
sigma(3)=sigma(3)-I1/3;
dpTi=I1/3-tenf;
if dpTi>=1.e-6
    dlamda=dpTi/K;
    I1=3*tenf;
end
J2=0.5*(sigma(1)^2+sigma(2)^2+sigma(3)^2+2*sigma(4)^2+2*sigma(5)^2+2*sigma(6)^2);
dpFi=J2^0.5+alpha*I1-k;
if dpFi>=1.e-6
    dlamda=dpFi/(G+9*K*alpha*alpha_psi);
    I1=I1-9*K*alpha_psi*dlamda;
    tau=k-alpha*I1+G*dlamda;
    if tau<1.e-10
        ratio=1.0;
    else
        ratio=(k-alpha*I1)/(k-alpha*I1+G*dlamda);
    end
    sigma(1)=sigma(1)*ratio;
    sigma(2)=sigma(2)*ratio;
    sigma(3)=sigma(3)*ratio;
```

```
    sigma(4)＝sigma(4) * ratio;
    sigma(5)＝sigma(5) * ratio;
    sigma(6)＝sigma(6) * ratio;
end
sigma(1)＝sigma(1)＋I1/3;
sigma(2)＝sigma(2)＋I1/3;
sigma(3)＝sigma(3)＋I1/3;
C＝1/E * [1,－v,－v,0,0,0;－v,1,－v,0,0,0;...
－v,－v,1,0,0,0;0,0,0,2 * (1+v),0,0;0,0,0,0,2 * (1+v),0;0,0,0,0,0,2 * (1+v)];
dedt_elas＝C * (sigma－sigma0);
dpdedt＝dedt－dedt_elas;
end
```

第 5 章　弹性问题的有限元分析

5.1　弹性问题的控制方程

对弹性问题进行有限元分析是岩土工程弹塑性分析的基础。由于岩土工程问题多可以简化为平面应变问题，为简单起见，本教材接下来的所有内容均按平面应变问题进行介绍。读者在掌握平面应变问题的相关知识后，可以很方便地推广至三维。

平面应变问题的弹性力学控制方程及边界条件的张量形式及展开形式如下。

1. 平衡方程

$$\sigma_{ij} + f_i = 0 \tag{5-1}$$

式中：σ_{ij} 为应力张量；f_i 为体积力矢量。

式（5-1）的展开形式为

$$\frac{\partial \sigma_x}{\partial x} + \frac{\partial \tau_{yx}}{\partial y} + f_x = 0 \tag{5-2a}$$

$$\frac{\partial \tau_{xy}}{\partial x} + \frac{\partial \sigma_y}{\partial y} + f_y = 0 \tag{5-2b}$$

2. 几何方程

$$\varepsilon_{ij} = \frac{1}{2}(u_{i,j} + u_{j,i}) \tag{5-3}$$

式中：ε_{ij} 为应变张量；u 为位移矢量。

式（5-3）的展开形式为

$$\varepsilon_x = \frac{\partial u}{\partial x} \tag{5-4a}$$

$$\varepsilon_y = \frac{\partial v}{\partial y} \tag{5-4b}$$

$$\varepsilon_{xy} = \frac{1}{2}\gamma_{xy} = \frac{1}{2}\left(\frac{\partial u}{\partial y} + \frac{\partial v}{\partial x}\right) \tag{5-4c}$$

3. 本构方程

根据广义 Hooke 定律，各向同性线弹性材料的应力-应变关系的张量形式为

$$\sigma_{ij} = \lambda \varepsilon_{kk} \delta_{ij} + 2G\varepsilon_{ij} \tag{5-5}$$

式中：λ 为 Lamda 系数；G 为剪切模量。

有限元计算中，一般以弹性模量 E 和泊松比 ν 表达各向同性线弹性材料的本构关系。用弹性模量 E 和泊松比 ν 表达的各向同性线弹性材料的本构关系为

$$\sigma_{ij} = \frac{\nu E}{(1+\nu)(1-2\nu)}\varepsilon_{kk}\delta_{ij} + \frac{E}{1+\nu}\varepsilon_{ij} \tag{5-6}$$

4. 力的边界条件

$$\sigma_{ij}n_j = \overline{T}_i \tag{5-7}$$

式中：σ_{ij} 为应力张量；n_j 为边界的单位外法线矢量。

式（5-7）的展开形式为

$$\sigma_x n_1 + \tau_{xy} n_2 = \overline{T}_x \tag{5-8a}$$

$$\sigma_y n_2 + \tau_{xy} n_1 = \overline{T}_y \tag{5-8b}$$

5. 位移边界条件

$$u_i = \overline{u}_1 \tag{5-9}$$

5.2 弹性问题的有限元求解格式

5.2.1 有限元求解的方程组

采用标准的伽辽金加权余量法对控制方程进行求解，弹性力学控制方程的变分"弱"形式为

$$\int_\Omega (\delta\boldsymbol{\varepsilon})^{\mathrm{T}} \boldsymbol{D}\boldsymbol{\varepsilon}\,\mathrm{d}\Omega - \int_\Omega (\delta\boldsymbol{u})^{\mathrm{T}} \boldsymbol{f}\,\mathrm{d}\Omega - \int_{\Gamma_t} (\delta\boldsymbol{u})^{\mathrm{T}} \overline{\boldsymbol{T}}\,\mathrm{d}\Gamma_t = 0 \tag{5-10}$$

式中：$\boldsymbol{D}$ 为弹性材料的应力-应变关系张量。

通过有限元离散并引入插值函数，可得标准的有限元求解方程组：

$$\boldsymbol{K}\boldsymbol{a} = \boldsymbol{P} \tag{5-11a}$$

式中：$\boldsymbol{K}$ 为整体刚度矩阵，$\boldsymbol{P}$ 为节点荷载向量，$\boldsymbol{a}$ 为位移向量。

整体刚度矩阵 $\boldsymbol{K}$ 按下式计算：

$$\boldsymbol{K} = \int \boldsymbol{B}^{\mathrm{T}} \boldsymbol{D}\boldsymbol{B}\,\mathrm{d}\Omega \tag{5-11b}$$

式中：$\boldsymbol{B}$ 为应变矩阵。

在式（5-11a）中，位移向量 $\boldsymbol{a}$ 中元素的个数为 $n \times d$ 个，其中 n 为节点总数，d 为问题的维数，$n \times d$ 称为自由度的总数。对于平面问题，自由度的总数为 $2n$。相应的，节点荷载向量 $\boldsymbol{P}$ 中元素的个数也为 $2n$ 个，整体刚度矩阵 $\boldsymbol{K}$ 为 $2n \times 2n$ 矩阵。

在有限单元法中，通常是对单元进行循环，计算所有单元的单元刚度矩阵和单元等效节点荷载向量，并将这些矩阵和向量集成，形成整体刚度矩阵和整体荷载向量，再采用数值方法求解线性方程组（5-11），得到各个节点的位移。

5.2.2 单元形函数

单元中任一点的位移可通过形函数按下式计算：

$$\boldsymbol{u}^h(\boldsymbol{x}) = \sum_{i=1}^m N_i(\boldsymbol{x})\boldsymbol{u} \tag{5-12}$$

式中：$N_i(\boldsymbol{x})$ 为坐标 $\boldsymbol{x}$ 处的形函数；m 为单元中的节点数；$\boldsymbol{u}$ 为单元中节点的位移向量。

式（5-12）的展开形式为

$$u^h = \sum_{i=1}^m N_i(\boldsymbol{x})u_i \tag{5-13a}$$

$$v^h = \sum_{i=1}^{m} N_i(x)v_i \tag{5-13b}$$

形函数定义于单元内部的、坐标的连续函数，它满足下列条件：

（1）在节点 i 处，$N_i = 1$；在其他节点处，$N_i = 0$。

（2）能保证用它定义的未知量（u、v）在相邻单元之间是连续的。

（3）应含任意线性项，以便用它定义的单元位移可满足常应变条件。

（4）应满足等式 $\sum_{i=1}^{m} N_i = 1$，以便用它定义的单元位移能反映刚体移动。

5.2.3　单元刚度矩阵

根据式（5-4），应变可表示如下：

$$\boldsymbol{\varepsilon} = \left\{\begin{array}{c} \varepsilon_x \\ \varepsilon_y \\ \gamma_{xy} \\ \varepsilon_z \end{array}\right\} = \left\{\begin{array}{c} \dfrac{\partial u}{\partial x} \\ \dfrac{\partial v}{\partial y} \\ \dfrac{\partial u}{\partial y} + \dfrac{\partial v}{\partial x} \\ 0 \end{array}\right\} \tag{5-14}$$

将形函数式（5-12）代入式（5-4），得到

$$\boldsymbol{\varepsilon} = \boldsymbol{B}\boldsymbol{\delta}^e = \begin{bmatrix} \boldsymbol{B}_1 & \boldsymbol{B}_2 & \cdots & \boldsymbol{B}_m \end{bmatrix}\boldsymbol{\delta}^e \tag{5-15}$$

式中：$\boldsymbol{B}$ 为单元应变矩阵；$\boldsymbol{\delta}^e$ 为单元位移向量；m 为单元中的节点数。

$$\boldsymbol{B}_i = \begin{bmatrix} \dfrac{\partial N_i}{\partial x} & 0 \\ 0 & \dfrac{\partial N_i}{\partial y} \\ \dfrac{\partial N_i}{\partial y} & \dfrac{\partial N_i}{\partial x} \\ 0 & 0 \end{bmatrix} \tag{5-16}$$

$$\boldsymbol{\delta}^e = \begin{bmatrix} u_1 & v_1 & u_2 & v_2 & \cdots & u_m & v_m \end{bmatrix}^T \tag{5-17}$$

相应地，单元刚度矩阵 $\boldsymbol{K}^e$ 按下式计算：

$$\boldsymbol{K}^e = \int_{\Omega^e} \boldsymbol{B}^T \boldsymbol{D} \boldsymbol{B} \, \mathrm{d}\Omega^e \tag{5-18}$$

其中　$$\boldsymbol{D} = \frac{E(1-\nu)}{(1+\nu)(1-2\nu)} \begin{bmatrix} 1 & \dfrac{\nu}{1-\nu} & 0 & \dfrac{\nu}{1-\nu} \\ \dfrac{\nu}{1-\nu} & 1 & 0 & \dfrac{\nu}{1-\nu} \\ 0 & 0 & \dfrac{1-2\nu}{2(1-\nu)} & 0 \\ \dfrac{\nu}{1-\nu} & \dfrac{\nu}{1-\nu} & 0 & 1 \end{bmatrix} \tag{5-19}$$

值得一提的是，对于平面应变情况，由于 σ_z 不为零，$\boldsymbol{D}$ 矩阵为 4×4 的矩阵。相应地，$\boldsymbol{B}_i$ 矩阵为 4×2 的矩阵，其第 4 行两个元素均为 0，代表 $\varepsilon_z=0$，单元应变矩阵 $\boldsymbol{B}$ 为 $4\times2m$ 的矩阵。

5.2.4　单元等效节点荷载向量

单元等效节点荷载向量 $\boldsymbol{P}^e$ 包括体积力荷载向量 $\boldsymbol{P}_f^e$ 和面力荷载向量 $\boldsymbol{P}_t^e$，按下式计算：

$$\boldsymbol{P}^e=\boldsymbol{P}_f^e+\boldsymbol{P}_t^e \tag{5-20}$$

其中
$$\boldsymbol{P}_f^e=\int_{\Omega^e}\boldsymbol{N}^{\mathrm{T}}\boldsymbol{f}\mathrm{d}\Omega^e \tag{5-21a}$$

$$\boldsymbol{P}_t^e=\int_{\Gamma_t^e}\boldsymbol{N}^{\mathrm{T}}\overline{\boldsymbol{T}}\mathrm{d}\Gamma_t^e \tag{5-21b}$$

式中，$\boldsymbol{N}=\begin{bmatrix} N_1 & 0 & N_2 & 0 & \cdots & N_m & 0 \\ 0 & N_1 & 0 & N_2 & \cdots & 0 & N_m \end{bmatrix}$，$\boldsymbol{f}=[f_x \quad f_y]^{\mathrm{T}}$，$\boldsymbol{T}=[T_x \quad T_y]^{\mathrm{T}}$。

5.2.5　等参元与数值积分

为了使有限单元法用于实际工程问题的分析，需要研究寻找适当的方法，将各种复杂的几何形状离散成同一类型的单元，然后采用数值积分方法计算式（5-18）、式（5-21），进而形成标准的有限元求解方程组。

有些问题域的几何形状比较规则，那么采用原来的坐标进行积分运算就不是很复杂。但是一般情况下，单元几何形状比较复杂，使得积分运算很麻烦。于是出现了坐标变换的方法来解决这个问题。通过一一对应的坐标变换，把形状不规则的单元转变成形状规则的单元，然后就可以方便地采用标准化的数值积分方法进行计算。

在有限单元法中，一般借助等参元对任意几何形状的工程问题进行离散。所谓等参元是指基于等参变换的单元类型。等参变换是指单元的几何形状和单元内的场函数采用相同数目的节点参数及相同的插值函数进行变换。借助等参元对问题域进行离散后，就可以对每个单元依次进行数值积分，形成单元刚度矩阵和单元等效节点荷载向量，然后集成这些矩阵和向量形成标准的有限元求解方程组。

5.2.5.1　二维四节点等参元

在局部坐标系下，二维母单元是 (ξ,η) 平面中的尺寸为 2×2 的正方形，其中
$$-1\leqslant\xi\leqslant1;\quad -1\leqslant\eta\leqslant1 \tag{5-22}$$

如图 5-1 所示，坐标原点在单元形心上。单元边界是 4 条直线：$\xi=\pm1$，$\eta=\pm1$。

母单元的形函数为

$$N_1=\frac{(1-\xi)(1-\eta)}{4} \tag{5-23a}$$

$$N_2=\frac{(1+\xi)(1-\eta)}{4} \tag{5-23b}$$

$$N_3=\frac{(1+\xi)(1+\eta)}{4} \tag{5-23c}$$

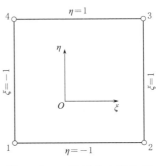

图 5-1　二维四节点母单元

$$N_4 = \frac{(1-\xi)(1+\eta)}{4} \qquad (5-23\text{d})$$

式（5-23）中的形函数可以合并表示为

$$N_i = \frac{(1+\xi_i\xi)(1+\eta_i\eta)}{4} \quad (i=1,2,3,4) \qquad (5-24)$$

式中：ξ_i、η_i 为节点 i 的坐标。

相应地，形函数对局部坐标的偏导按下式计算：

$$\frac{\partial N_i}{\partial \xi} = \frac{\xi_i(1+\eta_i\eta)}{4} \quad (i=1,2,3,4) \qquad (5-25\text{a})$$

$$\frac{\partial N_i}{\partial \eta} = \frac{\eta_i(1+\xi_i\xi)}{4} \quad (i=1,2,3,4) \qquad (5-25\text{b})$$

5.2.5.2　高斯积分

为计算式（5-18）、式（5-21）中的积分，通常将被积函数 $\boldsymbol{N}$、$\boldsymbol{B}$ 等表示成局部坐标的函数，并将积分域转换到等参元上，有

$$\boldsymbol{K}^e = \int_{\Omega^e} \boldsymbol{B}^{\mathrm{T}} \boldsymbol{D}\boldsymbol{B}\,\mathrm{d}\Omega^e = \int_{-1}^{1}\int_{-1}^{1} \boldsymbol{B}^{\mathrm{T}} \boldsymbol{D}\boldsymbol{B} \mid \boldsymbol{J} \mid \mathrm{d}\xi\,\mathrm{d}\eta \qquad (5-26)$$

$$P_f^e = \int_{-1}^{1}\int_{-1}^{1} \boldsymbol{N}^{\mathrm{T}}\boldsymbol{f} \mid \boldsymbol{J} \mid \mathrm{d}\xi\,\mathrm{d}\eta \qquad (5-27)$$

其中

$$\boldsymbol{B} = \begin{bmatrix} \boldsymbol{B}_1 & \boldsymbol{B}_2 & \boldsymbol{B}_3 & \boldsymbol{B}_4 \end{bmatrix} \qquad (5-28\text{a})$$

$$\mid \boldsymbol{J} \mid = \begin{vmatrix} \dfrac{\partial x}{\partial \xi} & \dfrac{\partial y}{\partial \xi} \\[2mm] \dfrac{\partial x}{\partial \eta} & \dfrac{\partial y}{\partial \eta} \end{vmatrix} \qquad (5-28\text{b})$$

$$\boldsymbol{J} = \begin{bmatrix} \dfrac{\partial N_1}{\partial \xi} & \dfrac{\partial N_2}{\partial \xi} & \dfrac{\partial N_3}{\partial \xi} & \dfrac{\partial N_4}{\partial \xi} \\[3mm] \dfrac{\partial N_1}{\partial \eta} & \dfrac{\partial N_2}{\partial \eta} & \dfrac{\partial N_3}{\partial \eta} & \dfrac{\partial N_4}{\partial \eta} \end{bmatrix} \begin{bmatrix} x_1 & y_1 \\ x_2 & y_2 \\ x_3 & y_3 \\ x_4 & y_4 \end{bmatrix} \qquad (5-29)$$

式中：$\boldsymbol{J}$ 为雅克比矩阵。

对雅克比矩阵求逆后，形函数对整体坐标的偏导按下式计算：

$$\begin{Bmatrix} \dfrac{\partial N_i}{\partial x} \\[3mm] \dfrac{\partial N_i}{\partial y} \end{Bmatrix} = \begin{bmatrix} \boldsymbol{J} \end{bmatrix}^{-1} \begin{Bmatrix} \dfrac{\partial N_i}{\partial \xi} \\[3mm] \dfrac{\partial N_i}{\partial \eta} \end{Bmatrix} \qquad (5-30)$$

对于二维四节点单元，可以将面力荷载平均分配给面力作用线对应的两个节点，进行单元面力荷载向量的简化计算。

在有限单元法中，通常采用高斯积分方法进行式（5-26）、式（5-27）中的积分运算。

在一维情形下，对于被积函数 $f(\xi)$，在区间 $[-1, 1]$ 上的高斯求积公式为

$$I = \int_{-1}^{1} f(\xi)\mathrm{d}\xi = \sum_{i=1}^{m} H_i f(\xi_i) = H_1 f(\xi_1) + H_2 f(\xi_2) + \cdots + H_m f(\xi_m) \quad (5-31)$$

式中：m 为高斯积分点数；H_i 为第 i 个积分点的加权系数；$f(\xi_i)$ 为第 i 个积分点的函数值。

表 5-1 给出了不同高斯积分点数 m 对于积分区间 $[-1, 1]$ 的积分点坐标 ξ_i 和加权系数 H_i 的值。

表 5-1　　　　　　　　　　不同高斯积分点数下的积分点坐标及加权系数

积分点数 m	积　分　点　坐　标　ξ_i	加　权　系　数　H_i
1	0.000　000　000　000　000	2.000　000　000　000　000
2	±0.577　350　269　189　626	1.000　000　000　000　000
3	±0.774　596　669　241　483 0.000　000　000　000　000	0.555　555　555　555　556 0.888　888　888　888　889
4	±0.861　136　311　594　053 ±0.339　981　043　584　856	0.347　854　845　137　454 0.652　145　154　862　546

将一维高斯积分方法用于二维或三维数值积分时，可采用与解析方法计算多重积分相同的方法，即在计算内层计算时，保持外层积分变量为常量。对于二维问题的积分，按下式计算：

$$I = \int_{-1}^{1} \int_{-1}^{1} F(\xi, \eta)\mathrm{d}\xi\mathrm{d}\eta = \sum_{i=1}^{m} \sum_{j=1}^{n} H_i H_j F(\xi_i, \eta_j) \quad (5-32)$$

式中：H_i、H_j 为一维高斯积分的加权系数；m、n 为每个方向上的高斯积分点数。

5.2.6　整体刚度矩阵和节点荷载向量的集成

标准有限元方程组［式（5-11）］中的整体刚度矩阵和整体荷载向量分别由单元刚度矩阵［式（5-18）］和单元等效节点荷载向量［式（5-20）］集成得到。在有限元数值计算中，可采用编码法进行整体刚度矩阵和整体荷载向量的集成。

对于二维四节点单元，单元的刚度矩阵式是 8×8 阶的矩阵，即

$$\boldsymbol{K}^e = \begin{bmatrix} \boldsymbol{k}_{11} & \boldsymbol{k}_{12} & \boldsymbol{k}_{13} & \boldsymbol{k}_{14} & \boldsymbol{k}_{15} & \boldsymbol{k}_{16} & \boldsymbol{k}_{17} & \boldsymbol{k}_{18} \\ \boldsymbol{k}_{21} & \boldsymbol{k}_{22} & \boldsymbol{k}_{23} & \boldsymbol{k}_{24} & \boldsymbol{k}_{25} & \boldsymbol{k}_{26} & \boldsymbol{k}_{27} & \boldsymbol{k}_{28} \\ \boldsymbol{k}_{31} & \boldsymbol{k}_{32} & \boldsymbol{k}_{33} & \boldsymbol{k}_{34} & \boldsymbol{k}_{35} & \boldsymbol{k}_{36} & \boldsymbol{k}_{37} & \boldsymbol{k}_{38} \\ \boldsymbol{k}_{41} & \boldsymbol{k}_{42} & \boldsymbol{k}_{43} & \boldsymbol{k}_{44} & \boldsymbol{k}_{45} & \boldsymbol{k}_{46} & \boldsymbol{k}_{47} & \boldsymbol{k}_{48} \\ \boldsymbol{k}_{51} & \boldsymbol{k}_{52} & \boldsymbol{k}_{53} & \boldsymbol{k}_{54} & \boldsymbol{k}_{55} & \boldsymbol{k}_{56} & \boldsymbol{k}_{57} & \boldsymbol{k}_{58} \\ \boldsymbol{k}_{61} & \boldsymbol{k}_{62} & \boldsymbol{k}_{63} & \boldsymbol{k}_{64} & \boldsymbol{k}_{65} & \boldsymbol{k}_{66} & \boldsymbol{k}_{67} & \boldsymbol{k}_{68} \\ \boldsymbol{k}_{71} & \boldsymbol{k}_{72} & \boldsymbol{k}_{73} & \boldsymbol{k}_{74} & \boldsymbol{k}_{75} & \boldsymbol{k}_{76} & \boldsymbol{k}_{77} & \boldsymbol{k}_{78} \\ \boldsymbol{k}_{81} & \boldsymbol{k}_{82} & \boldsymbol{k}_{83} & \boldsymbol{k}_{84} & \boldsymbol{k}_{85} & \boldsymbol{k}_{86} & \boldsymbol{k}_{87} & \boldsymbol{k}_{88} \end{bmatrix} \quad (5-33)$$

单元的位移向量和等效节点荷载向量均是 8×1 阶的，即

$$\boldsymbol{\delta}^e = \begin{bmatrix} u_1 & v_1 & u_2 & v_2 & u_3 & v_3 & u_4 & v_4 \end{bmatrix}^{\mathrm{T}} \tag{5-34a}$$

$$\boldsymbol{P}^e = \begin{bmatrix} f_{x1} & f_{y1} & f_{x2} & f_{y3} & f_{x3} & f_{y3} & f_{x4} & f_{y4} \end{bmatrix}^{\mathrm{T}} \tag{5-34b}$$

单元刚度矩阵中的分量 $\boldsymbol{k}_{ij}$ 的下标"ij"表示它位于第 i 行，第 j 列，其物理意义是单元的第 j 个自由度发生单元变形时所引起的单元第 i 个自由度的节点力。用 1、2、3、…、8 表示单元的 8 个自由度及相应的 8 个自由度的节点力的序号。

如果整个计算域有 n 个节点，则共有 $2n$ 个自由度，整体自由度的编号如下：

$$1、2、3、4、\cdots、2n-1、2n$$

其中，$2n-1$、$2n$ 分别代表第 n 个节点在 x、y 两个方向上的自由度。

对于结构中的任一单元 e，设它的 4 个节点的编号分别为 n_i、n_j、n_k、n_l。以节点 n_i 为例，节点的 2 个自由度在整体自由度中的编码是 $2n_i-1$、$2n_i$，在单元中自由度的编码为 1、2，由此可得单元 e 的节点自由度编码，见表 5-2。

表 5-2　　　　　　　　　　　　　　单元 e 的节点自由度编码

节 点 自 由 度	u_i	v_i	u_j	v_j	u_k	v_k	u_l	v_l
单元中自由度的编码	1	2	3	4	5	6	7	8
结构整体自由度的编码	$2n_i-1$	$2n_i$	$2n_j-1$	$2n_j$	$2n_k-1$	$2n_k$	$2n_l-1$	$2n_l$

利用表 5-2，不难确定单元刚度矩阵中分量与整体刚度矩阵的对应关系。例如单元刚度矩阵中的分量 $\boldsymbol{k}_{25}$，从编码表第 2 格取出 $2n_i$，从第 5 格取出 $2n_k-1$，即 $\boldsymbol{k}_{25} \to K_{2n_i, 2n_k-1}$。同理

$$\boldsymbol{k}_{12} \to K_{2n_i-1, 2n_i}$$

$$\boldsymbol{k}_{83} \to K_{2n_l, 2n_j-1}$$

$$\cdots\cdots$$

将所有单元的刚度矩阵中的分量按照编码叠加到整体刚度矩阵之中，就得到了整体刚度矩阵。由于某一自由度只与其附近的自由度相关，集成生成的整体刚度矩阵一般为稀疏矩阵。结构节点荷载向量也可采用类似的方法进行集成。

5.2.7　引入位移边界条件

在有限元计算中，根据问题的实际情况，有些节点的位移是已知的，称为位移边界条件，或称为约束。对于一般的求解位移场问题而言，至少要有足以约束系统刚体位移的边界条件。此时，必须将位移边界条件引入有限元方程，使之得到满足。

常见的引入位移边界条件的方法有直接代入法、对角元素改 1 法、对角元素乘大数法等。以下仅介绍对角元素乘大数法，该方法使用简单，对于任何给定位移（零值或非零值）都适用。采用该方法引入位移边界条件时方程阶数不变、节点位移顺序不变、自由度

编号不变,程序实现上十分方便,因此在有限元法中经常采用。

当有节点位移为给定值 $a_j = \overline{a}_j$ 时,对第 j 个方程作如下修改:对角元素 K_{jj} 乘以大数 α(α 可取 10^{10} 左右数量级),并将 p_j 用 $\alpha K_{jj} \overline{a}_j$ 取代,即

$$
\begin{bmatrix}
K_{11} & K_{12} & \cdots & & K_{1m} \\
K_{21} & K_{22} & \cdots & & K_{2m} \\
\vdots & \vdots & & & \vdots \\
K_{j1} & K_{j2} & \cdots \alpha K_{jj} \cdots & & K_{jm} \\
\vdots & \vdots & & & \vdots \\
K_{m1} & K_{m2} & \cdots & & K_{mm}
\end{bmatrix}
\begin{bmatrix}
a_1 \\
a_2 \\
\vdots \\
a_j \\
\vdots \\
a_n
\end{bmatrix}
=
\begin{bmatrix}
p_1 \\
p_2 \\
\vdots \\
\alpha K_{jj} \overline{a}_j \\
\vdots \\
p_n
\end{bmatrix}
\tag{5-35}
$$

经修改后的第 j 个方程为

$$
K_{j1} a_1 + K_{j2} a_2 + \cdots + \alpha K_{jj} a_j + \cdots + K_{jm} a_n = \alpha K_{jj} \overline{a}_j \tag{5-36}
$$

由于方程左端的项较其他项要大得多,近似得到

$$
\alpha K_{jj} a_j = \alpha K_{jj} \overline{a}_j \tag{5-37a}
$$

则
$$
a_j = \overline{a}_j \tag{5-37b}
$$

当有多个已知位移时,则按顺序将每个给定的位移作上述修正,得到全部进行修正后的整体刚度矩阵 $\boldsymbol{K}$ 和整体节点荷载向量 $\boldsymbol{P}$,然后解方程即可得到包括给定位移在内的全部节点位移值。

5.3 计 算 程 序

5.3.1 弹性问题有限元分析的计算过程

1. 前处理

(1) 定义问题域,包括问题的几何尺寸及网格大小等。

(2) 生成有限元节点及单元。

(3) 设置计算的基本参数与力学参数。

(4) 设置位移边界条件和外力荷载向量。

2. 有限元计算

(1) 计算所有节点的自由度编号。

(2) 有限元线性方程组的初始化。

(3) 对所有单元循环形成整体刚度矩阵,具体包括:

1) 对当前单元上的所有高斯点循环,计算每个高斯点的形函数 [见式(5-24)]。

2) 计算每个高斯点上的雅克比矩阵及 $\boldsymbol{B}$ 矩阵 [分别见式(5-29)、式(5-28a)和

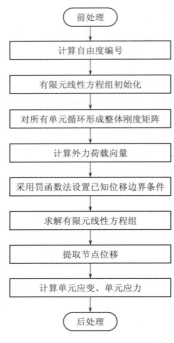

图 5-2　弹性问题有限元
分析的计算流程图

式（5-28b）]。

3）计算单元的刚度矩阵 [见式（5-26）]。

4）把单元矩阵汇总到整体刚度矩阵。

（4）计算外力荷载向量 F^{ext}。

（5）采用罚函数法设置已知位移边界条件 [见式
（5-35）]。

（6）求解有限元线性方程组。

（7）提取节点位移。

（8）基于节点位移计算单元应变，并计算单元
应力。

3. 后处理

提取需要的计算结果，并绘图对计算结果进行可
视化。

弹性问题有限元分析的计算流程如图 5-2 所示。

5.3.2　弹性问题有限元分析的主要计算程序

1. 子程序 solve _ yourself

源代码位置：程序 5-1。

功能：弹性问题有限元分析的核心计算程序。

程序 5-1　　　　　　　　　　　solve _ yourself

```
idof=0;
for in=1:par. node_cnt
    node(in). dof(1)=idof+1;
    node(in). dof(2)=idof+2;
    idof=idof+2;
end
par. dof_cnt=idof;
u=zeros(par. dof_cnt,1);

cnt_ak=2e7;
aki=zeros(cnt_ak,1);
akj=zeros(cnt_ak,1);
akv=zeros(cnt_ak,1);
ak_cnt=0;
[element,aki,akj,akv,ak_cnt]=get_element_bee_k(par,element,node,aki,akj,akv,ak_cnt);
ak=sparse(aki(1:ak_cnt),akj(1:ak_cnt),akv(1:ak_cnt));
par. maxak=max(akv);

force=get_fext(par,node);
for in=1:par. node_cnt
```

```
    for idim=1:2
        if node(in). boundary_type(idim)= =1
            curdof=node(in). dof(idim);
            ak(curdof,curdof)=par. maxak * 1e9;
            value=par. maxak * 1e9 * node(in). boundary_value(idim);
            force(curdof,1)=value;
        end
    end
end

u=ak\force;
for in=1:par. node_cnt
    node(in). disp(1)=u(node(in). dof(1));
    node(in). disp(2)=u(node(in). dof(2));
end
[element]=get_element_stress(par,element,node,u);
```

2. 子程序 get _ element _ bee _ k

源代码位置：程序 5 - 2。

功能：对所有单元进行循环，计算单元刚度矩阵。

程序 5 - 2   **get _ element _ bee _ k**

```
function [element,aki,akj,akv,ak_cnt]=get_element_bee_k(par,element,node,aki,akj,akv,ak_cnt)
for ie=1:par. element_cnt
    mat=element(ie). mat;
    E=par. mat_props(mat,1);
    v=par. mat_props(mat,2);
    dee=getdee(E,v);
    nodeID=element(ie). nodeID;
    x=zeros(4,2);
    for t=1:4
        x(t,:)=node(nodeID(t)). coor;
    end
    k=zeros(8,8);
    xi  =[-0.577350269189626  -0.577350269189626…
            0.577350269189626   0.577350269189626];
    eta=[-0.577350269189626   0.577350269189626…
          -0.577350269189626   0.577350269189626];
    for igs=1:4
        cur_xi=xi(igs);
        cur_eta=eta(igs);
        matrix_j=zeros(2,4);
```

```
        matrix_j(1,1)=-0.25 * (1-cur_xi);
        matrix_j(1,2)=  0.25 * (1-cur_xi);
        matrix_j(1,3)=  0.25 * (1+cur_xi);
        matrix_j(1,4)=-0.25 * (1+cur_xi);
        matrix_j(2,1)=-0.25 * (1-cur_eta);
        matrix_j(2,2)=-0.25 * (1+cur_eta);
        matrix_j(2,3)=  0.25 * (1+cur_eta);
        matrix_j(2,4)=  0.25 * (1-cur_eta);
        jacob=matrix_j * x;
        detjacob=jacob(1,1) * jacob(2,2)-jacob(1,2) * jacob(2,1);
        inv_jacob=zeros(2,2);
        if(abs(detjacob)> 1e-12)
            inv_jacob(1,1)=jacob(2,2)/ detjacob;
            inv_jacob(1,2)=-jacob(1,2)/ detjacob;
            inv_jacob(2,1)=-jacob(2,1)/ detjacob;
            inv_jacob(2,2)=jacob(1,1)/ detjacob;
        end
        dN=inv_jacob * matrix_j;
        bee=zeros(4,8);
        for j=1:4
            cur_dNdx=dN(1,j);
            cur_dNdy=dN(2,j);
            bee(1,1+(j-1) * 2)=cur_dNdx;
            bee(2,2+(j-1) * 2)=cur_dNdy;
            bee(3,1+(j-1) * 2)=cur_dNdy;
            bee(3,2+(j-1) * 2)=cur_dNdx;
        end
        k=k+bee' * dee * bee * detjacob;
        element(ie). B(:,:,igs)=bee;
        element(ie). detjacob(1,igs)=detjacob;
    end
    e_dof=zeros(1,8);
    for t=1:4
        e_dof(1+(t-1) * 2)=node(nodeID(t)). dof(1);
        e_dof(2+(t-1) * 2)=node(nodeID(t)). dof(2);
    end
    for m=1:8
        for n=1:8
            ak_cnt=ak_cnt+1;
            aki(ak_cnt)=e_dof(m);
            akj(ak_cnt)=e_dof(n);
            akv(ak_cnt)=k(m,n);
        end
    end
end
end
```

3. 子程序 get_element_stress

源代码位置：程序 5-3。

功能：对所有单元进行循环，计算单元应变、应力。

程序 5-3　　　　　　　　　　　　　　　**get _ element _ stress**

```
function [element]=get_element_stress(par,element,node,delta_u)

for ie=1:par.element_cnt
    nodeID=element(ie).nodeID;
    edof=zeros(8,1);
    for t=1:4
        edof(1+(t-1)*2)=node(nodeID(t)).dof(1);
        edof(2+(t-1)*2)=node(nodeID(t)).dof(2);
    end
    ddisp=delta_u(edof,1);
    mat=element(ie).mat;
    stress_avg=zeros(4,1);
    for igs=1:4
        bee=element(ie).B(:,:,igs);
        dstrain=bee * ddisp;
        mat=element(ie).mat;
        E=par.mat_props(mat,1);
        v=par.mat_props(mat,2);
        dee=getdee(E,v);
        stress=dee * dstrain;
        element(ie).stress(:,igs)=stress;
        stress_avg=stress_avg+stress/4.;
    end
    element(ie).stress_avg=stress_avg;
end
end
```

4. 子程序 get_fext

源代码位置：程序 5-4。

功能：根据问题的输入信息，计算外力向量。

程序 5-4　　　　　　　　　　　　　　　**get _ fext**

```
function F_ext=get_fext(par,node)

F_ext=zeros(par.dof_cnt,1);
for in=1:par.node_cnt
    if node(in).boundary_type(1,1)==3
        cur_dof=node(in).dof(1);
        F_ext(cur_dof)=F_ext(cur_dof)+node(in).boundary_value(1);
    end
```

```
        if node(in). boundary_type(1,2)==3
            cur_dof=node(in). dof(2);
            F_ext(cur_dof)=F_ext(cur_dof)+node(in). boundary_value(2);
        end
    end
end
```

5. 子程序 get_dee

源代码位置：程序 5 - 5。

功能：计算弹性矩阵。

程序 5 - 5　　　　　　　　　　　　　　　**get_dee**

```
function dee=get_dee(E,v)

a=E/((1+v)*(1-2*v));
dee=[(1-v)      v            0          v;...
        v     (1-v)          0          v;...
        0       0        (1-2*v)/2      0;...
        v       v            0        (1-v)];
dee=dee*a;
end
```

6. 主程序 main_cantilever

源代码位置：程序 5 - 6。

功能：第 5.4 节中悬臂梁问题的计算主程序。

程序 5 - 6　　　　　　　　　　　　　**main_cantilever**

```
clc,clear

% 生成计算网格
par. xlength=48;
par. ylength=12;
par. factor=2;
nx=par. xlength * par. factor;
ny=par. ylength * par. factor;
spacex=par. xlength/nx;
spacey=par. ylength/ny;
[meshX,meshY]=meshgrid(0:spacex:par. xlength,0:spacey:par. ylength);

ncoor=zeros((nx+1)*(ny+1),2);
count=0;
[a,b]=size(meshX);
```

```
for i=1:a
    for j=1:b
        count=count+1;
        ncoor(count,1)=meshX(i,j);
        ncoor(count,2)=meshY(i,j);
    end
end
par.node_cnt=count;

quads=zeros(nx*ny,4);
count=0;
for iy=1:ny
    for ix=1:nx
        count=count+1;
        delta=(iy-1)*(nx+1);
        quads(count,:)=[ix+delta,ix+1+delta,ix+1+nx+1+delta,ix+1+nx+delta];
    end
end
par.element_cnt=size(quads,1);

% 材料参数
par.mat_props=[3.e7 0.];

% 初始化
for in=1:par.node_cnt
    node(in).coor=ncoor(in,:);
    node(in).velocity=[0.0.];
    node(in).boundary_type=[-1 -1];
    node(in).boundary_value=[0. 0.];
    node(in).disp=[0. 0.];
    node(in).ddisp=[0. 0.];
end

for ie=1:par.element_cnt
    element(ie).mat=1;
    element(ie).nodeID=quads(ie,:);
    element(ie).B=zeros(4,8,4);
    element(ie).detjacob=zeros(1,4);
    element(ie).stress=zeros(4,4);
    element(ie).stress_avg=zeros(1,4);
end

% 边界条件
```

```
tol=1. e-3;
for in=1:par. node_cnt
    if node(in). coor(1)<tol
        node(in). boundary_type(1,1)=1;
        node(in). boundary_value(1,1)=0;
        node(in). boundary_type(1,2)=1;
        node(in). boundary_value(1,2)=0;
    end
    if(node(in). coor(1)>par. xlength-tol && node(in). coor(2)>par. ylength-tol)
        node(in). boundary_value(2)=-1. e3;
        node(in). boundary_type(2)=3;
    end
end


solve_yourself

monitor_node=[(nx+1) * (ny/2)+1:(nx+1) * (ny/2+1)];
for jj=1:length(monitor_node)
    ix=node(monitor_node(jj)). coor(1);
    x(jj)=ix;
    disp_y=3 * par. mat_props(2) * 6 * 6 * (par. xlength-ix)+…
        (4+5 * par. mat_props(2)) * 12 * 12/4 * ix+(3 * par. xlength-ix) * ix * ix;
    disp_y=-1000/par. mat_props(1)/6/144 * disp_y;
    analytical_disp(jj)=disp_y;
    numerical_disp(jj)=   node(monitor_node(jj)). disp(2);
end
figure(1)
hold on
plot(x,analytical_disp,'-r','LineWidth',1. 5);
plot(x,numerical_disp(end,:),'--k');
box on;grid on;
%legend('解析解','有限元数值解')


for t=1:ny
    mid_elem(t)=nx/2+(t-1) * nx;
end
for jj=1:length(mid_elem)
    cury=0;
    for t=1 : 4
        cury=cury+node(element(mid_elem(jj)). nodeID(t)). coor(2);
    end
```

```
    cury＝cury/4.－6.；
    xx(jj)＝cury；
    analytical_txy(jj)＝－1000/2/144＊(12＊12/4－cury＊cury)；
    numerical_txy(jj)＝element(mid_elem(jj)).stress_avg(3)；
end
figure(2)
hold on
plot(xx,analytical_txy,'－r','LineWidth',1.5)；
plot(xx,numerical_txy,'--k')；
box on；grid on；
%legend('解析解','有限元数值解')
```

5.4 算 例

5.4.1 问题描述

如图 5-3 所示，悬臂梁的长度为 $L=48m$，高度为 $H=12m$，梁的左端完全约束，右端顶部上施加一个方向向下的集中荷载 $P=1000N$。悬臂梁的力学参数为：弹性模量 $E=30MPa$，泊松比 $\nu=0.0$。

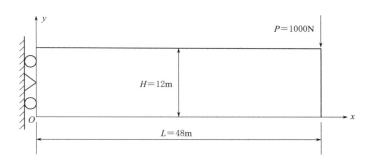

图 5-3 右端作用一集中荷载的悬臂梁

模型坐标原点设置在悬臂梁左下角，计算范围：x 方向为 $0\sim48m$，y 方向为 $0\sim12m$。共剖分了 576 个四边形单元和 637 个节点，计算网格如图 5-4 所示。

该问题存在如下解析解。

x 方向的位移为

$$u(x,y)=-\frac{Py}{6EI}\left[(6L-3x)x+(2+\nu)\left(y^2-\frac{H^2}{4}\right)\right] \tag{5-38}$$

式中，I 为惯性矩，对于单位厚度的矩形截面梁有

$$I=\frac{H^3}{12} \tag{5-39}$$

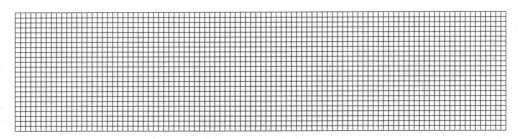

图 5-4　悬臂梁计算网格

y 方向的位移为

$$\nu(x,y)=\frac{P}{6EI}\left[3\nu y^2(L-x)+(4+5\nu)\frac{H^2x}{4}+(3L-x)x^2\right] \tag{5-40}$$

该梁截面的法向应力为

$$\sigma_{xx}(x,y)=-\frac{P(L-x)y}{I} \tag{5-41}$$

y 方向正应力为

$$\sigma_{yy}=0 \tag{5-42}$$

该梁截面的切应力为

$$\tau_{xy}(x,y)=\frac{P}{2I}\left(\frac{H^2}{4}-y^2\right) \tag{5-43}$$

5.4.2　计算结果

图 5-5 和图 5-6 分别给出了截面 $y=6\text{m}$ 处节点的 y 方向位移，及截面 $x=24\text{m}$ 处节点的切应力分布。由图可知，有限元计算的数值解与解析解吻合良好。

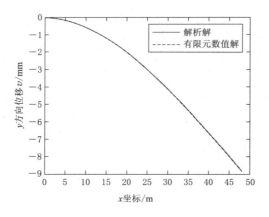

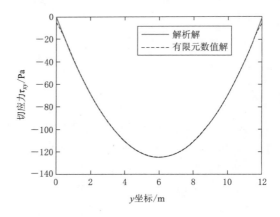

图 5-5　y 方向位移 v 数值解与解析解对比　　　　图 5-6　切应力 τ_{xy} 数值解与解析解对比

第6章 弹塑性问题的有限元分析

6.1 概　　述

在线性弹性力学中，采用了下列两个基本假定：①材料的应力-应变关系是线性的，即假定材料符合胡克定律；②应变-位移关系是线性的，即采用了小位移假定。

对于岩土工程问题而言，一般不符合这些假定。首先，岩土体的应力-应变关系一般是非线性的，此时问题为材料非线性问题；其次，岩土体失稳后，由于产生了大变形，其应变-位移关系是非线性的，此时问题为几何非线性问题。

本章针对材料非线性问题，介绍弹塑性问题的非线性有限元分析。非线性有限元分析的计算一般采用牛顿迭代法。

6.2 牛 顿 迭 代 法

6.2.1　求解非线性方程

先考虑单变量的非线性方程

$$f(x) = 0 \qquad (6-1)$$

在 x_0 点作泰勒展开，只保留线性项，得到 $f(x)=0$ 在 x_0 附近的线性化的近似方程为

$$f(x_0) + f'(x_0)(x - x_0) = 0 \qquad (6-2)$$

设 $f'(x_0) \neq 0$，上式的解为（图 6-1）

$$x_1 = x_0 - \frac{f(x_0)}{f'(x_0)} \qquad (6-3)$$

重复上述过程，得到 $f(x)=0$ 的第 $n+1$ 次近似解为

$$x_{n+1} = x_n - \frac{f(x_n)}{f'(x_n)} \qquad (6-4)$$

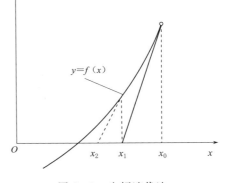

图 6-1　牛顿迭代法

这就是著名的牛顿-拉夫逊（Newton - Raphson）方法，简称牛顿迭代法。

6.2.2　求解非线性方程组

弹塑性问题的有限元分析需要求解如下非线性方程组

$$\{\psi\} = [K(\delta)]\{\delta\} - \{P\} = \{F^{int}(\delta)\} - \{P\} = 0 \qquad (6-5)$$

式中，F^{int} 按下式计算

$$F^{int} = \int_{\Omega} \boldsymbol{B}^{\mathrm{T}} \sigma \mathrm{d}V \qquad (6-6)$$

设 $\{\delta_n\}$ 是上式的第 n 次近似解。一般地，有

$$\{\psi_n\} = \{F^{int}(\delta_n)\} - \{F^{ext}\} \neq 0 \qquad (6-7)$$

在 $\{\delta\} = \{\delta_n\}$ 附近将 $\{\psi\}$ 式作泰勒展开，并只保留线性项，得到

$$\{\psi\} = \{\psi_n\} + [K_i^n](\{\delta\} - \{\delta_n\}) = 0 \qquad (6-8)$$

由此得到第 $n+1$ 次近似解如下：

$$\{\delta_{n+1}\} = \{\delta_n\} - [K_i^n]^{-1}\{\psi_n\} \qquad (6-9)$$

式中：$[K_i^n]$ 为切线刚度矩阵。

牛顿迭代法的收敛情况如图 6-2 所示。

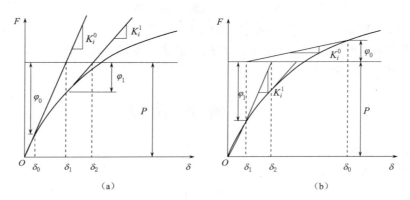

图 6-2　牛顿迭代法

(a) δ_0 小于真解；(b) δ_0 大于真解

6.3　修正牛顿迭代法

牛顿迭代法需要在迭代过程中求解切向刚度矩阵，对于一些复杂的本构模型，切向刚度矩阵的计算比较困难；同时，对于大型问题来说，形成刚度矩阵并求逆是很费计算时间的。如果只在第 1 次迭代时建立刚度矩阵 $[K^0]$，并求出逆矩阵 $[K^0]^{-1}$，在以后各次迭代中都用这个逆矩阵进行计算，那么第 n 步迭代公式为

$$\{\delta_{n+1}\} = \{\delta_n\} - [K^0]^{-1}\{\psi_n\} \qquad (6-10)$$

这种方法被称为修正牛顿迭代法，其收敛过程如图 6-3 所示。

与牛顿迭代法相比，修正牛顿迭代法在迭代过程的收敛速度有所降低，但不用重新计算切向刚度

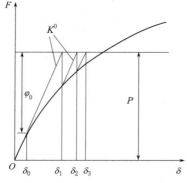

图 6-3　修正牛顿迭代法收敛过程

矩阵。此外，对于一些复杂的本构模型，切向刚度矩阵的计算难度较大，此时也可采用修正牛顿迭代法。

6.4 收 敛 准 则

在弹塑性问题的非线性方程组的迭代求解过程中，需设置一个用来终止迭代的收敛准则。每次迭代结束，对照该收敛准则进行检查，看是否已经收敛。常用的收敛准则包括位移收敛准则和力收敛准则。

在第 $n+1$ 个增量步中求解弹塑性有限元增量分析的控制方程，其位移收敛准则可表示为

$$\| \{\Delta U\}^{(i)} \|_2 \leqslant \varepsilon_D \| {}^{n+1}\{U\}^{(i)} - {}^n\{U\} \|_2 \qquad (6-11)$$

式中：$\{\Delta U\}^{(i)}$ 为第 i 步迭代得到的位移增量；$\| \ \|_2$ 表示矢量的欧几里得范数；ε_D 为预设的允许值，通常取一个小的正值，如 0.001。

力收敛准则可表示为

$$\| {}^{n+1}\{F^{\text{int}}\}^{(i)} - {}^{n+1}\{F^{\text{ext}}\}^{(i)} \|_2 \leqslant \varepsilon_F \| {}^{n+1}\{F^{\text{int}}\}^{(i)} - {}^n\{F^{\text{ext}}\} \|_2 \qquad (6-12)$$

式中：F^{int} 为内力；F^{ext} 为外力；ε_F 为不平衡力预设的允许值。

力收敛准则要求不平衡力或内力与外力的差值 ${}^{n+1}\{F^{\text{int}}\} - {}^{n+1}\{F^{\text{ext}}\}$ 接近零。

以上两种准则中的任何一个或者它们间的组合都可用来终止迭代。允许值的设置必须要合理。过大的允许值会导致计算结果不精确，而过小的允许值会导致增加计算工作量去追求不必要的计算精度。

6.5 计 算 程 序

6.5.1 弹塑性问题有限元分析的计算过程

1. 前处理

（1）定义问题域的几何形体，包括问题域形状尺寸及网格尺寸大小等。

（2）生成有限元节点及单元。

（3）设置计算的基本参数与力学参数。

（4）设置位移边界条件和外力荷载向量。

程序 6-1   **solve _ yourself**

```
idof=0;
for in=1:par. node_cnt
    node(in). dof(1)=idof+1;
    node(in). dof(2)=idof+2;
    idof=idof+2;
end
par. dof_cnt=idof;
```

```
u=zeros(par. dof_cnt,1);
curtime=0;
par. istep=0;
ntotalit=0;
cnt_ak=2e7;
aki=zeros(cnt_ak,1);
akj=zeros(cnt_ak,1);
akv=zeros(cnt_ak,1);
ak_cnt=0;
[element,aki,akj,akv,ak_cnt]=get_element_bee_k(par,element,node,aki,akj,akv,ak_cnt);
ak=sparse(aki(1:ak_cnt),akj(1:ak_cnt),akv(1:ak_cnt));
par. maxak=max(akv);
Load_G=get_gravity(par,node,element);
while curtime<par. totaltime+1. e-12
    disp(['curtime:',num2str(curtime)]);
    par. istep=par. istep+1;
    ifexit=0;
    par. idd=0;
    u0=u;
    delta_u=zeros(par. dof_cnt,1);
    u=u0+delta_u;
    F_ext=Load_G * par. istep/par. nstep;
    while ifexit<0. 5
        par. idd=par. idd+1;
        [F_int,element]=get_fint(par,element,node,delta_u);
        force=F_ext-F_int;
        for in=1:par. node_cnt
            for idim=1:2
                if node(in). boundary_type(idim)==1
                    curdof=node(in). dof(idim);
                    ak(curdof,curdof)=par. maxak * 1e9;
                    value=par. maxak * 1e9 * node(in). boundary_value(idim) * par. dtime;
                    if par. idd >1. 5
                        value=0. ;
                    end
                    force(curdof,1)=value;
                end
            end
        end
        d_delta_u=ak\force;
        delta_u=delta_u+d_delta_u;
        u=u0+delta_u;
        if par. idd>1. 5
            [ifexit,error_dis]=getifexit(par,node,d_delta_u,u);
```

```
    end
    if par. idd>par. maxNIter+0.5,ifexit=1;end
    ntotalit=ntotalit+1;
end
curtime=curtime+par. dtime;
for in=1;par. node_cnt
    node(in). ddisp(1)=delta_u(node(in). dof(1));
    node(in). ddisp(2)=delta_u(node(in). dof(2));
    node(in). disp(1)=u(node(in). dof(1));
    node(in). disp(2)=u(node(in). dof(2));
end
for ie=1;par. element_cnt
    for igs=1;4
        element(ie). stress0(:,igs)   =element(ie). stress(:,igs);
        element(ie). pstrain0(:,igs)  =element(ie). pstrain(:,igs);
    end
end
record(par. istep,monitor_node)=node(monitor_node). disp(2);
end
```

2. 有限元计算

（1）计算所有节点的自由度编号。

（2）有限元线性方程组的初始化。

（3）对时间步（荷载步）进行循环。

（4）对所有单元循环，形成整体刚度矩阵，具体包括以下步骤：

1）对当前单元上的所有高斯点循环，计算每个高斯点的形函数［见式（5-24）］。

2）计算每个高斯点上的雅克比矩阵及 $\boldsymbol{B}$ 矩阵［分别见式（5-29）、式（5-28a）和式（5-28b）］。

3）计算单元的刚度矩阵［见式（5-26）］。

4）把单元矩阵汇总到整体刚度矩阵。

（5）施加外力。

（6）进入牛顿迭代。

（7）计算外力荷载向量 F^{ext}。

（8）计算模型内力向量 F^{int}，具体包括以下步骤：

1）对所有单元循环，计算每个单元节点在当前时间步的位移增量。

2）对单元上的所有高斯点循环，计算每个高斯点的 $\boldsymbol{B}$ 矩阵。

3）根据位移增量及 $\boldsymbol{B}$ 矩阵求解当前高斯点的应变增量。

4）进行本构模型数值积分，得到每个高斯点的应力，并计算该单元上各节点的内力。

　　5）汇总所有单元的内力得到总的内力 F^{int}。

　　（9）采用罚函数法设置已知位移边界条件［见式（5 - 35）］。

　　（10）求解有限元线性方程组。

　　（11）判断牛顿迭代是否收敛，若计算不收敛则返回步骤（6）继续迭代，否则退出迭代。

　　（12）更新节点位移及单元应力、应变后，返回步骤（3）进入下一时间步的计算。

　　（13）完成全部时间步（荷载步）计算后，退出程序。

程序 6 - 2　　　　　　　　　　　　　**get ＿ element ＿ bee ＿ k**

```
function[element,aki,akj,akv,ak_cnt]=get_element_bee_k(par,element,node,aki,akj,akv,ak_cnt)

for ie=1:par. element_cnt
    mat=element(ie). mat;
    E=par. mat_props(mat,1);
    v=par. mat_props(mat,2);
    dee=getdee(E,v);
    dee_p=element(ie). Dp;
    nodeID=element(ie). nodeID;
    x=zeros(4,2);
    for t=1:4
        x(t,:)=node(nodeID(t)). coor;
    end
    k=zeros(8,8);
    xi  =[-0.577350269189626,-0.577350269189626,…
            0.577350269189626,0.577350269189626];
    eta=[-0.577350269189626,0.577350269189626,…
            -0.577350269189626,0.577350269189626];
    for igs=1:4
        cur_xi=xi(igs);
        cur_eta=eta(igs);
        matrix_j=zeros(2,4);
        matrix_j(1,1)=-0.25 * (1-cur_eta);
        matrix_j(1,2)=  0.25 * (1-cur_eta);
        matrix_j(1,3)=  0.25 * (1+cur_eta);
        matrix_j(1,4)=-0.25 * (1+cur_eta);
        matrix_j(2,1)=-0.25 * (1-cur_xi);
        matrix_j(2,2)=-0.25 * (1+cur_xi);
        matrix_j(2,3)=  0.25 * (1+cur_xi);
        matrix_j(2,4)=  0.25 * (1-cur_xi);
        jacob=matrix_j * x;
        detjacob=jacob(1,1) * jacob(2,2)-jacob(1,2) * jacob(2,1);
        inv_jacob=zeros(2,2);
```

```
    if(abs(detjacob)>1e-12)
        inv_jacob(1,1)=jacob(2,2)/detjacob;
        inv_jacob(1,2)=-jacob(1,2)/detjacob;
        inv_jacob(2,1)=-jacob(2,1)/detjacob;
        inv_jacob(2,2)=jacob(1,1)/detjacob;
    end
    dN=inv_jacob * matrix_j;
    bee=zeros(4,8);
    for j=1:4
        cur_dNdx=dN(1,j);
        cur_dNdy=dN(2,j);
        bee(1,1+(j-1)*2)=cur_dNdx;
        bee(2,2+(j-1)*2)=cur_dNdy;
        bee(3,1+(j-1)*2)=cur_dNdy;
        bee(3,2+(j-1)*2)=cur_dNdx;
    end

    k=k+bee' * (dee-dee_p) * bee * detjacob;
    element(ie).B(:,:,igs)=bee;
    element(ie).detjacob(igs)=detjacob;
end

e_dof=zeros(1,8);
for t=1:4
    e_dof(1+(t-1)*2)=node(nodeID(t)).dof(1);
    e_dof(2+(t-1)*2)=node(nodeID(t)).dof(2);
end
for m=1:8
    for n=1:8
        ak_cnt=ak_cnt+1;
        aki(ak_cnt)=e_dof(m);
        akj(ak_cnt)=e_dof(n);
        akv(ak_cnt)=k(m,n);
    end
end
end
end
```

3. 后处理

提取需要的计算结果，并绘图对计算结果进行可视化。

弹塑性问题有限元分析的计算流程如图 6-4 所示。

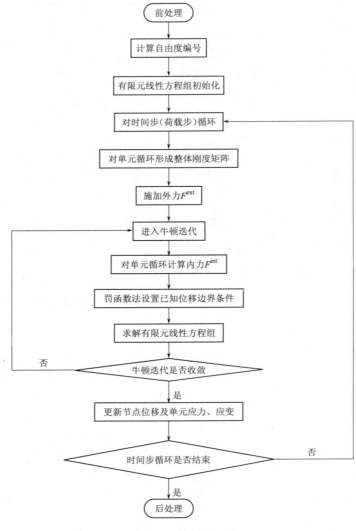

图 6 - 4　计算流程图

6.5.2　弹塑性问题有限元分析的主要计算程序

1. 子程序 solve _ yourself

源代码位置：程序 6 - 1。

功能：弹塑性问题有限元分析的核心计算程序。

2. 子程序 get _ element _ bee _ k

源代码位置：程序 6 - 2。

功能：对所有单元进行循环，计算单元弹塑性刚度矩阵。

3. 子程序 get _ gravity

源代码位置：程序 6 - 3。

功能：对所有单元进行循环，计算问题域自重。

程序 6-3   **get_gravity**

```
function Load_G=get_gravity(par,node,element)

Load_G=zeros(par.dof_cnt,1);
for ie=1:par.element_cnt
    mat=element(ie).mat;
    rho=par.mat_props(mat,3);
    g=par.gravity_solid;
    nodeID=element(ie).nodeID;
    x=zeros(4,2);
    for t=1:4
        x(t,:)=node(nodeID(t)).coor;
    end
    xi=[-0.577350269189626,-0.577350269189626,…
        0.577350269189626,0.577350269189626];
    eta=[-0.577350269189626,0.577350269189626,…
        -0.577350269189626,0.577350269189626];
    gravity=zeros(8,1);
    for igs=1:4
        cur_xi=xi(igs);
        cur_eta=eta(igs);
        phi=zeros(4,3);
        phi(1,1)=0.25 * (1-cur_xi) * (1-cur_eta);
        phi(2,1)=0.25 * (1+cur_xi) * (1-cur_eta);
        phi(3,1)=0.25 * (1+cur_xi) * (1+cur_eta);
        phi(4,1)=0.25 * (1-cur_xi) * (1+cur_eta);
        matrix_n=[phi(1,1),0,phi(2,1),0,phi(3,1),0,phi(4,1),0;…
                  0,phi(1,1),0,phi(2,1),0,phi(3,1),0,phi(4,1)];
        phi(1,2)=-0.25 * (1-cur_eta);
        phi(2,2)=  0.25 * (1-cur_eta);
        phi(3,2)=  0.25 * (1+cur_eta);
        phi(4,2)=-0.25 * (1+cur_eta);
        phi(1,3)=-0.25 * (1-cur_xi);
        phi(2,3)=-0.25 * (1+cur_xi);
        phi(3,3)=  0.25 * (1+cur_xi);
        phi(4,3)=  0.25 * (1-cur_xi);
        matrix_j=[phi(1,2),phi(2,2),phi(3,2),phi(4,2);…
                  phi(1,3),phi(2,3),phi(3,3),phi(4,3)];
        jacob=matrix_j * x;
        detjacob=jacob(1,1) * jacob(2,2)-jacob(1,2) * jacob(2,1);

        gravity=gravity+matrix_n' * rho * detjacob * par.gravity_solid;
    end
```

```
        e_dof=zeros(8,1);
        for t=1:4
            e_dof(1+(t-1)*2)=node(nodeID(t)).dof(1);
            e_dof(2+(t-1)*2)=node(nodeID(t)).dof(2);
        end
        for t=1:8
            Load_G(e_dof(t))=Load_G(e_dof(t))+gravity(t);
        end
    end
end
```

4. 子程序 get_fint

源代码位置：程序 6-4。

功能：根据应变增量，计算应力并汇总到内力向量。

程序 6-4   **get_fint**

```
function[F_int,element]=get_fint(par,element,node,delta_u)

F_int=zeros(par.dof_cnt,1);
for ie=1:par.element_cnt
    nodeID=element(ie).nodeID;
    edof=zeros(8,1);
    for t=1:4
        edof(1+(t-1)*2)=node(nodeID(t)).dof(1);
        edof(2+(t-1)*2)=node(nodeID(t)).dof(2);
    end
    ddisp=delta_u(edof,1);
    mat=element(ie).mat;
    fint=zeros(8,1);
    for igs=1:4
        cur_stress=element(ie).stress0(:,igs);
        bee=element(ie).B(:,:,igs);
        dstrain=bee * ddisp;
        pstrain0=element(ie).pstrain0(:,igs);
        [stress,pstrain,pstrain_eq]=get_stress_MC(par,mat,cur_stress,dstrain,pstrain0);
        element(ie).pstrain(:,igs)=pstrain;
        element(ie).pstrain_eq(igs)=pstrain_eq;

        fint=fint+bee' * stress * element(ie).detjacob(igs);
        element(ie).stress(:,igs)=stress;
    end
    for t=1:8
        F_int(edof(t))=  F_int(edof(t))+fint(t);
    end
end
end
```

5. 子程序 get_stress_MC

源代码位置：程序 6−5。

功能：根据应变增量、上一步应力，计算更新后的应力。

程序 6−5   **get_stress_MC**

```
function[stress,pstrain,pstrain_eq]=get_stress_MC(par,mat,stress,dstrain,pstrain0)

E=par. mat_props(mat,1);
v=par. mat_props(mat,2);
c=par. mat_props(mat,4);
phi=par. mat_props(mat,5);
psi=par. mat_props(mat,6);

pstrain=zeros(4,1);
stress3d=zeros(6,1);
dstrain3d=zeros(6,1);
stress3d(1)=stress(1);
stress3d(2)=stress(2);
stress3d(3)=stress(4);
stress3d(4)=stress(3);
dstrain3d(1)=dstrain(1);
dstrain3d(2)=dstrain(2);
dstrain3d(3)=dstrain(4);
dstrain3d(4)=dstrain(3);
[stress3d,dpstrain3d]=MC_explicit(stress3d,dstrain3d,E,v,c,phi,psi);
stress(1)=stress3d(1);
stress(2)=stress3d(2);
stress(3)=stress3d(4);
stress(4)=stress3d(3);
pstrain(1)=pstrain0(1)+dpstrain3d(1);
pstrain(2)=pstrain0(2)+dpstrain3d(2);
pstrain(3)=pstrain0(3)+dpstrain3d(4);
pstrain(4)=pstrain0(4)+dpstrain3d(3);
pstrain_dev=zeros(4,1);
meanpstrain=(pstrain(1)+pstrain(2)+pstrain(4))/3. ;
pstrain_dev(1)=pstrain(1)-meanpstrain;
pstrain_dev(2)=pstrain(2)-meanpstrain;
pstrain_dev(4)=pstrain(4)-meanpstrain;
pstrain_dev(3)=pstrain(3)
pstrain_eq=sqrt(0. 666666666666666 * (pstrain_dev(1) * pstrain_dev(1)+…
        pstrain_dev(2) * pstrain_dev(2)+pstrain_dev(4) * pstrain_dev(4)+…
        0. 5 * pstrain_dev(3) * pstrain_dev(3)));
end
```

6. 子程序 getifexit

源代码位置：程序 6 - 6。

功能：根据计算精度，判断程序迭代的收敛性。

程序 6 - 6　　　　　　　　　　　　　　　　　　**getifexit**

```
function[ifexit,error_dis]=getifexit(par,node,d_delta_u,u)

ifexit=0;
u0_raw=zeros(par.node_cnt,2);
u_raw=zeros(par.node_cnt,2);
for in=1:par.node_cnt
    u01=d_delta_u(node(in).dof(1));
    u02=d_delta_u(node(in).dof(2));
    curu0=[u01,u02];
    u0_raw(in,:)=curu0;
    u1=u(node(in).dof(1));
    u2=u(node(in).dof(2));
    curu=[u1,u2];
    u_raw(in,:)=curu;
end
u0=[u0_raw(:,1);u0_raw(:,2)];
u=[u_raw(:,1);u_raw(:,2)];
if norm(u,2)<1.e-6
    if norm(u0,2)<1.e-6
        error_dis=0;
    else
        error_dis=1;
    end
else
    error_dis=norm(u0,2)/norm(u,2);
end
if error_dis<par.converge_solid
    ifexit=1;
end
disp(['iteration:',num2str(par.idd),',displacement error:',num2str(error_dis)]);
end
```

7. 子程序 gen _ slope

源代码位置：程序 6 - 7。

功能：第 6.6 节中边坡问题的生成计算网格子程序。

程序 6 - 7   **gen _ slope**

```
par. found_xlength=60;
par. found_ylength=5;
par. factor=2. ;
nx=round(par. found_xlength * par. factor);
ny=round(par. found_ylength * par. factor);
spacex=par. found_xlength/nx;
spacey=par. found_ylength/ny;
ncoor2=zeros((nx+1) * (ny+1),2);
quads2=zeros(nx * ny,4);

[meshX,meshY]=meshgrid(0:spacex:par. found_xlength,0:spacey:…
                    par. found_ylength);
[a,b]=size(meshX);
count=0;
for i=1:a
    for j=1:b
        count=count+1;
        ncoor2(count,1)=meshX(i,j);
        ncoor2(count,2)=meshY(i,j);
    end
end
nnode2=count;
count=0;
for iy=1:ny
    for ix=1:nx
        count=count+1;
        delta=(iy-1) * (nx+1);
        quads2(count,:)=[ix+delta,ix+1+delta,ix+1+nx+1+delta,…
                    ix+1+nx+delta];
    end
end
ecount2=count;

par. slope_height=10;
par. slope_length=40;
ny=round(par. slope_height * par. factor);
nx=round(par. slope_length * par. factor);
slope_angle=26. 57;
tanvalue=round(tand(slope_angle),2);
ncoor1=zeros((nx+1) * (ny+1),2);
quads1=zeros(nx * ny,4);

count=0;
```

```
for i=2:ny+1
    cury=(i-1) * par. slope_height/ny+par. found_ylength;
    xlen=par. slope_length-(cury-par. found_ylength) * 4 * tanvalue;
    for j=1:nx+1
        curx=(j-1) * xlen/nx;
        count=count+1;
        ncoor1(count,1)=curx;
        ncoor1(count,2)=cury;
    end
end
nnode1=count;
count=0;
for iy=1:ny
    for ix=1:nx
        count=count+1;
        delta=(iy-1) * (nx+1)+nnode2-nx-1;
        quads1(count,:)=[ix+delta,ix+1+delta,ix+1+nx+1+delta,…
                        ix+1+nx+delta];
    end
end
ecount1=count;

ncoor=[ncoor2;ncoor1];
par. node_cnt=nnode1+nnode2;
par. element_cnt=ecount1+ecount2;
for i=1:round(par. slope_length * par. factor)
    quads1(i,1:2)=quads1(i,1:2)-round((par. found_xlength-…
                    par. slope_length) * par. factor);
end
quads=[quads2;quads1];
```

8. 主程序 main_slope

源代码位置：程序 6-8。

功能：第 6.6 节中边坡问题的计算主程序。

程序 6-8   **main_slope**

```
clc,clear
% 前处理
par. maxNIter=500;
par. converge_solid=1. e-4;
par. gravity_solid=[0. -10. ];
par. totaltime=1. ;
par. dtime=0. 1;
```

```
par. nstep=par. totaltime/par. dtime;
mat_props=1;
par. mat_props=[1. e8 0. 3 2. e3 15. e3 20. 0. ];
par. xlength=60;
par. ylength=15;
gen_slope;
for in=1:par. node_cnt
    node(in). coor=ncoor(in,:);
    node(in). velocity=[0. 0. ];
    node(in). boundary_type=[-1-1];
    node(in). boundary_value=[0. 0. ];
    node(in). disp=[0. 0. ];
    node(in). ddisp=[0. 0. ];
end
for ie=1:par. element_cnt
    element(ie). mat=mat_props;
    element(ie). nodeID=quads(ie,:);
    element(ie). B=zeros(4,8,4);
    element(ie). Dp=zeros(4,4);
    element(ie). detjacob=zeros(4,1);
    element(ie). stress=zeros(4,4);
    element(ie). stress0=zeros(4,4);
    element(ie). pstrain=zeros(4,4);
    element(ie). pstrain0=zeros(4,4);
    element(ie). pstrain_eq=zeros(4,1);
end
tol=1. e-3;
for in=1:par. node_cnt
    if node(in). coor(2)<tol
        node(in). boundary_type(1,1)=1;
        node(in). boundary_value(1,1)=0;
        node(in). boundary_type(1,2)=1;
        node(in). boundary_value(1,2)=0;
    elseif node(in). coor(1)<tol || node(in). coor(1)>par. xlength-tol
        node(in). boundary_type(1,1)=1;
        node(in). boundary_value(1,1)=0;
    end
end
monitor_node=[find((ncoor(:,1)==20)&(ncoor(:,2)==15))];
solve_yourself
```

程序 6-5 中所涉及的莫尔-库仑理想弹塑性模型数值积分计算子程序，可查看程序 4-1～程序 4-5。

6.6　算　例

6.6.1　问题描述

如图 6-5 所示，边坡模型的长度为 $L=60\text{m}$，总高度为 $H=15\text{m}$。边坡土体力学参数取值如下：弹性模量和泊松比分别取为 $E=100\text{MPa}$ 和 $\nu=0.3$，密度为 $\rho=2000\text{kg/m}^3$，黏聚力为 $c=15\text{kPa}$，内摩擦角为 $\phi=20°$，膨胀角为 $\psi=0°$。

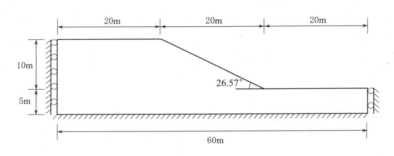

图 6-5　边坡几何尺寸图

模型的左右两端采取法向约束，底部采取完全约束，仅施加自重荷载。计算网格共剖分了 2951 个节点、2800 个四边形单元，见图 6-6。

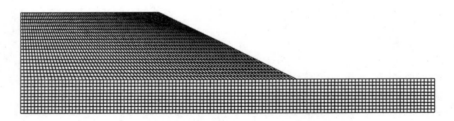

图 6-6　边坡计算网格图

采用有限元强度折减法计算边坡安全系数，其基本原理为，首先给定强度折减系数（Strength Reduction Factor，SRF），将土体强度参数（黏聚力和内摩擦角）进行折减，计算坡体的应力、应变、位移等信息，然后不断加大强度折减系数，直到土体达到极限破坏，将此时的强度折减系数定义为安全系数。

对于莫尔-库仑准则：$\tau=c+\sigma\tan\phi$，其强度折减过程如下：

$$\tau'=\frac{\tau}{SRF}=\frac{c+\sigma\tan\phi}{SRF}=\frac{c}{SRF}+\sigma\frac{\tan\phi}{SRF}=c'+\sigma\tan\phi' \tag{6-13}$$

因此有

$$c' = \frac{c}{SRF} , \quad \phi' = \arctan \frac{\tan\phi}{SRF} \qquad (6-14)$$

6.6.2 计算结果

采用位移收敛准则，取收敛精度为
0.0001。不同强度折减系数下，最大位移
及收敛时的迭代次数见图 6-7。可见，
随着强度折减系数的增加，最大位移值逐
渐增加，当强度折减系数超过 1.55 时，
最大位移发生突变。同时，当强度折减系
数超过 1.55 时，即使经过 500 次迭代计
算也不能收敛，因此可取该边坡的安全系
数为 1.55。该结果与 Bishop（毕肖普）
和 Morgenstern（摩根斯坦）在 1960 年
图表法中给出的安全系数 1.593 基本
吻合。

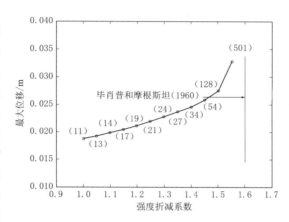

图 6-7 特征节点最大位移与强度折减系数图

强度折减系数 $SRF = 1.55$ 下的 x 方向位移云图见图 6-8，x 方向位移最大值为 18mm。

图 6-8 边坡 x 方向位移云图

第7章 渗流问题的有限元分析

7.1 渗流问题的控制方程

1. 连续性方程

对于稳定渗流而言，假设孔隙水和土体颗粒均不可压缩，有

$$\nabla \cdot v = Q \tag{7-1}$$

式中：∇ 为散度算子；v 为达西流速向量。

式（7-1）的展开形式为：

$$\frac{\partial v_x}{\partial x} + \frac{\partial v_y}{\partial y} = Q \tag{7-2}$$

式中：v_x、v_y 分别为达西流速在各个方向上的分量；x、y 分别为坐标，Q 为边界流量。

2. 达西定律

根据达西定律，渗流流速与水力梯度成正比，即

$$v = \frac{k_w}{\gamma_w}(\nabla p - \rho_w g) \tag{7-3}$$

式中：k_w 为渗透系数张量；γ_w 为水的容重；p 为孔隙水压力；ρ_w 为水的密度；g 为重力加速度向量。

式（7-3）的展开形式为

$$v_x = \frac{k_x}{\gamma_w}\frac{\partial p}{\partial x}, \quad v_y = \frac{k_y}{\gamma_w}\left(\frac{\partial p}{\partial y} - \gamma_w\right) \tag{7-4}$$

3. 边界条件

已知水头边界：$\qquad\qquad p = \overline{p}$ 在 Γ_h 边界上

流量边界：$\qquad\qquad n \cdot v = \overline{q}$ 在 Γ_q 边界上

自由面边界：$\qquad p = 0, \ n \cdot v = 0$ 在 Γ_f 边界上

溢出边界：$\qquad p = 0, \ n \cdot v > 0$ 在 Γ_o 边界上

7.2 渗流问题的有限元求解格式

采用标准的伽辽金加权余量法对控制方程进行求解，渗流问题控制方程的变分"弱"形式为

$$-\int_{\Omega} \delta p \ \nabla v \, d\Omega + \int_{\Gamma_q} \delta p \ \overline{q} \, d\Gamma = 0 \tag{7-5}$$

式中：$\overline{q}$ 为已知流量。

通过有限元离散并引入插值函数，可得标准的有限元求解方程组：

$$HP = Q \qquad (7-6)$$

其中

$$H = -\int B_p^{\mathrm{T}} \frac{k_w}{\gamma_w} B_p \, \mathrm{d}\Omega \qquad (7-7)$$

式中：P 为流体孔压向量；Q 为流量向量；H 为渗流整体刚度矩阵；B_p 为形函数梯度矩阵。

孔压向量 P 中元素的个数为 n 个，其中 n 为节点总数，自由度的总数也是 n 个。相应地，外流量向量 Q 中元素的个数也为 n 个，整体刚度矩阵 H 为 $n \times n$ 矩阵。

7.3　自由面及溢出边界的处理

7.3.1　自由面的处理

工程中常见的渗流是有自由面和溢出边界的。在自由面上，必须同时满足两个条件：

$$p = 0, \, \boldsymbol{n} \cdot \boldsymbol{v} = 0 \qquad (7-8)$$

自由面把求解区域分为两个子域：在自由面以上的子域 R_1 中，各点流速均为零；在自由面以下的子域 R_2 中，各点有大于零的流速。为了反映这一现象，可在自由面以下的子域 R_2 中采用实际的渗透系数 k，而在自由面以上的子域 R_1 中令渗透系数 $k=0$。为了计算的稳定性，应取大于零的微小值，如

$$k = \begin{cases} k_0 & \phi \geq z \\ \dfrac{k_0}{1000} & \phi = z \end{cases}$$

式中：k_0 为饱和渗透系数。

7.3.2　溢出边界的处理

溢出边界上，必须同时满足两个条件：

$$p = 0, \, \boldsymbol{n} \cdot \boldsymbol{v} > 0 \qquad (7-9)$$

渗流分析中，所有潜在溢出边界的节点集存在着唯一分解：

$$N = N_H \bigcup N_G \qquad (7-10)$$

其中

$$N_H = \{i \mid p_i = 0, \, q_i \geq 0\} \qquad (7-11)$$

$$N_G = \{j \mid p_j < 0, \, q_i = 0\} \qquad (7-12)$$

式中：N_H，N_G 分别为水头边界节点集和流量边界节点集。

由于溢出边界事先未知，需根据上述分解将其作为问题的一部分进行迭代处理。在每步迭代后，分别对两个节点集进行检查：当 N_H 中节点流量 $q_i < 0$ 时，将该点移入中；当 N_G 中节点孔压 $p \geq 0$ 时，将该点移入 N_H 中。根据新确定的边界条件重新计算，直至潜在溢出边界上所有节点均满足相应点集的判断准则，则退出迭代。

7.4　计　算　程　序

7.4.1　渗流问题有限元分析的计算过程

1. 前处理

（1）定义问题域的几何形体，包括问题域形状尺寸及网格尺寸大小等。

（2）生成有限元节点及单元。

（3）设置计算的基本参数与力学参数。

（4）设置边界条件。

2. 有限元计算

（1）计算所有节点的自由度编号。

（2）有限元线性方程组的初始化。

（3）形成渗流整体刚度矩阵，具体包括以下步骤：

1）对当前单元上的高斯点循环，计算每个高斯点的形函数。

2）求解每个高斯点上的雅克比矩阵及 B_p 矩阵。

3）计算单元的刚度矩阵（见式 7-7）。

4）把单元矩阵汇总到整体刚度矩阵。

（4）对单元循环，计算流体重力加速度对应的流量。

（5）进入牛顿迭代。

（6）计算流量向量 Q^{ext}。

（7）对单元循环计算 Q^{int}，具体包括以下步骤：

1）对所有单元循环，获得每个节点的孔压。

2）对单元上的所有高斯点循环，计算 B 矩阵及节点孔压，并计算水力梯度。

3）计算当前单元的 Q_e^{int}。

4）汇总所有单元的 Q_e^{int} 得到总的 Q^{int}。

（8）计算残差（$Q^{\text{ext}} - Q^{\text{int}}$）并进行边界条件处理。

（9）解方程求得孔压增量。

（10）更新节点孔压。

（11）判断牛顿迭代是否收敛，若计算不收敛则返回步骤（5）继续迭代计算，否则退出迭代。

3. 后处理

提取需要的计算结果，并绘图对计算结果进行可视化。

渗流问题有限元分析的计算流程图如图 7-1 所示。

7.4.2　渗流问题有限元分析的主要计算程序

1. 子程序 solve_yourself

源代码位置：程序 7-1。

功能：渗流问题有限元分析的核心计算程序。

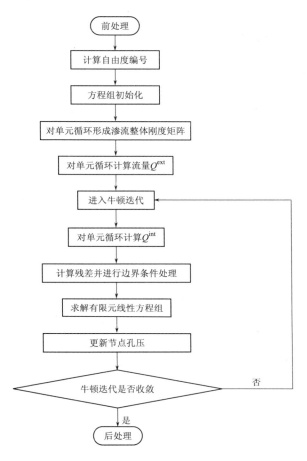

图 7-1 渗流问题有限元分析的计算流程图

程序 7-1 solve _ yourself

```
for in=1:par. node_cnt
    node(in). dof(1)=in;
end
par. dof_cnt=par. node_cnt;
u=zeros(par. dof_cnt,1);
for in=1:par. node_cnt
    u(node(in). dof(1))= node(in). pressure;
end
ntotalit=0;
cnt_ak=2e7;
aki=zeros(cnt_ak,1);
akj=zeros(cnt_ak,1);
```

```
akv=zeros(cnt_ak,1);
ak_cnt=0;
[element,aki,akj,akv,ak_cnt]=get_element_H(par,element,node,aki,akj,akv,ak_cnt);
ak=sparse(aki(1:ak_cnt),akj(1:ak_cnt),akv(1:ak_cnt));
par. maxak=max(akv);
ifexit=0;
par. idd=0;
u0=u;
delta_u=zeros(par. dof_cnt,1);
u=u0+delta_u;
while ifexit<0. 5
    par. idd=par. idd+1;
    Q_ext=get_qext(par,element,node,u);
    Q_int=get_qint(par,element,node,u);
    force=Q_ext-Q_int;
    for in=1:par. node_cnt
        if node(in). boundary_type_f==0
            curdof=node(in). dof(1);
            ak(curdof,curdof)=par. maxak * 1e9;
            value=par. maxak * 1e9 * node(in). boundary_value_f;
            if par. idd>1. 5
                value=0;
            end
            force(curdof,1)=value;
        end
        if node(in). boundary_type_f==5 && node(in). if_overflow==1
            curdof=node(in). dof(1);
            ak(curdof,curdof)=par. maxak * 1e9;
            value=-u(curdof,1) * par. maxak * 1e9;
            force(curdof,1)=value;
        end
    end
    d_delta_u=ak\force;
    delta_u=delta_u+d_delta_u;
    u=u0+delta_u;
    if par. idd>1. 5
        [ifexit,error_pres]=getifexit(par,node,d_delta_u,u);
        disp(['iteration:',num2str(par. idd),',pressure error:',...
            num2str(error_pres)]);
    end
    for in=1:par. node_cnt
        if node(in). boundary_type_f==5
            curdof=node(in). dof;
            curpress=u(curdof,1);
```

```
                curQint=Q_int(curdof,1);
                if node(in). if_overflow==0
                    if curpress<0
                        node(in). if_overflow=1;
                    end
                elseif curQint>0
                    node(in). if_overflow=0;
                end
            end
        end
    end
end
if par. idd>par. maxNIter+0. 5,ifexit=1;end
ntotalit=ntotalit+1;
for in=1:par. node_cnt
    node(in). pressure=u(node(in). dof(1));
end
```

2. 子程序 get _ element _ H

源代码位置：程序 7 - 2。

功能：对所有单元进行循环，计算单元刚度矩阵。

程序 7 - 2　　　　　　　　　　　　　　　**get _ element _ H**

```
function[element,aki,akj,akv,ak_cnt]=get_element_H(par,element,node,aki,akj,akv,ak_cnt)

for ie=1:par. element_cnt
    k=par. mat_props;
    gammaw=10. e3;
    Dp=[k 0;0 k]/gammaw;
    nodeID=element(ie). nodeID;
    coor=zeros(3,2);
    for t=1:3
        coor(t,:)=node(nodeID(t)). coor;
    end
    x1=coor(1,1);y1=coor(1,2);
    x2=coor(2,1);y2=coor(2,2);
    x3=coor(3,1);y3=coor(3,2);
    A=0. 5 * (x2 * y3+x3 * y1+x1 * y2-x2 * y1-x3 * y2-x1 * y3);
    b1=y2-y3;c1=x3-x2;
    b2=y3-y1;c2=x1-x3;
    b3=y1-y2;c3=x2-x1;
    dNdx=[b1 b2 b3]/(2 * A);
    dNdy=[c1 c2 c3]/(2 * A);
    bee_p=zeros(2,3);
```

```
        for j=1:3
            bee_p(1,j)=dNdx(j);
            bee_p(2,j)=dNdy(j);
        end
        H=-bee_p' * Dp * bee_p * A;
        e_dof=zeros(1,3);
        for t=1:3
            e_dof(t)=node(nodeID(t)).dof(1);
        end
        for m=1:3
            for n=1:3
                ak_cnt=ak_cnt+1;
                aki(ak_cnt)=e_dof(m);
                akj(ak_cnt)=e_dof(n);
                akv(ak_cnt)=H(m,n);
            end
        end
        element(ie).Bp=bee_p;
        element(ie).H=H;
        element(ie).A=A;
    end
end
```

3. 子程序 get_qext

源代码位置：程序 7-3。

功能：对所有单元进行循环，计算流量向量 Q^{ext}。

程序 7-3　　　　　　　　　　　　　　　　**get_qext**

```
function Q_ext=get_qext(par,element,node,u)

Q_ext=zeros(par.dof_cnt,1);
for ie=1:par.element_cnt
    A=element(ie).A;
    nodeID=element(ie).nodeID;
    edof=zeros(3,1);
    for t=1:3
        edof(t)=node(nodeID(t)).dof(1);
    end
    pressure=u(edof,1);
    if mean(pressure)>0
        k=par.mat_props*0;
    else
        k=par.mat_props;
```

```
end
gammaw=10. e3;
Dp=[k 0;0 k];
Dp=Dp/gammaw;
bw=1. e3 * par. gravity_fluid';
bee_p=element(ie). Bp;
qext=bee_p' * Dp * bw * A;

for t=1：3
    Q_ext(edof(t))=  Q_ext(edof(t))+qext(t);
end
end
end
```

4. 子程序 get_qint

源代码位置：程序 7-4。

功能：对所有单元进行循环，计算流量向量 Q^{int}。

程序 7-4　　　　　　　　　　　　　　　　　　**get _ qint**

```
function Q_int=get_qint(par,element,node,u)

Q_int=zeros(par. dof_cnt,1);
for ie=1:par. element_cnt
    A=element(ie). A;
    nodeID=element(ie). nodeID;
    edof=zeros(3,1);
    for t=1：3
        edof(t)=node(nodeID(t)). dof(1);
    end
    pressure=u(edof,1);
    if mean(pressure)>0
        k=par. mat_props * 0;
    else
        k=par. mat_props;
    end
    gammaw=10. e3;
    Dp=[k 0;0 k];
    Dp=Dp/gammaw;
    bee_p=element(ie). Bp;
    gradient=bee_p * pressure;
    qint=- bee_p' * Dp * gradient * A;

    for t=1：3
        Q_int(edof(t))=  Q_int(edof(t))+qint(t);
    end
end
end
```

5. 子程序 getifexit

源代码位置：程序 7 - 5。

功能：判断牛顿迭代是否收敛，若计算不收敛则返回步骤（5）继续计算，否则退出迭代。

程序 7 - 5　　　　　　　　　　　　**getifexit**

```
function[ifexit,error_pres]=getifexit(par,node,d_delta_u,u)

ifexit=0;
p0=zeros(par.node_cnt,1);
p=zeros(par.node_cnt,1);
for in=1:par.node_cnt
    p0(in)=d_delta_u(node(in).dof(1));
    p(in)=u(node(in).dof(1));
end
if norm(p,2)<1.e-3
    if norm(p0,2)<1.e-3
        error_pres=0;
    else
        error_pres=1;
    end
else
    error_pres=norm(p0,2)/norm(p,2);
end
if error_pres<par.converge_fluid
    ifexit=1;
end
end
```

6. 主程序 main _ freesurface

源代码位置：程序 7 - 6。

功能：第 7.5 节中渗流问题的计算主程序。

程序 7 - 6　　　　　　　　　　　　**main _ freesurface**

```
clc,clear
% 前处理
par.maxNIter=50;
par.converge_fluid=1.e-4;
par.gravity_fluid=[0. -10.];
mat_props=1;
par.mat_props=1.e0;
par.xlength=0.5;
par.ylength=1.0;
```

```
par. factor=70;
nx=par. xlength * par. factor;
ny=par. ylength * par. factor;
spacex=par. xlength/nx;
spacey=par. ylength/ny;
[meshX,meshY]=meshgrid(0:spacex:par. xlength,0:spacey:par. ylength);
count=0;
for i=1:size(meshX,1)
    for j=1:size(meshX,2)
        count=count+1;
        ncoor(count,1)=meshX(i,j);
        ncoor(count,2)=meshY(i,j);
    end
end
par. node_cnt=count;
tri=delaunay(ncoor(:,1),ncoor(:,2));
for in=1:par. node_cnt
    node(in). coor=ncoor(in,:);
    node(in). pressure=0. ;
    node(in). boundary_type_f=-1;
    node(in). boundary_value_f=0. ;
    node(in). if_overflow=0;
end
par. element_cnt=size(tri,1);
for ie=1:par. element_cnt
    element(ie). mat=1;
    element(ie). nodeID=tri(ie,:);
    element(ie). Bp=zeros(2,3);
    element(ie). H=zeros(3,3);
    element(ie). detjacob=zeros(1,3);
    element(ie). A=0. ;
end
tol=1. e-3;
for in=1:par. node_cnt
    if node(in). coor(1,1)<tol
        node(in). boundary_type_f=0;
        node(in). boundary_value_f=-1. e4 * (par. ylength-node(in). coor(1,2));
    end
    if(node(in). coor(1,1)>par. xlength-tol)&&(node(in). coor(1,2)<…
        par. ylength/2-tol)
        node(in). boundary_type_f=0;
```

```
            node(in). boundary_value_f=-1. e4 * (par. ylength/2 - node(in). coor(1,2));
        end
        if(node(in). coor(1,1)>par. xlength - tol)&&(node(in). coor(1,2)>…
                par. ylength/2)
                node(in). boundary_type_f=5;
        end
    end
end
solve_yourself;

% 后处理
ana_surfacex=[0:0.05:0.5];
ana_surfacey=[1.0 0.986242 0.967625 0.945590 0.920382 0.891939…
            0.859969 0.823876 0.782493 0.733142 0.662382];
figure
hold on
plot(ana_surfacex,ana_surfacey,'-ok')
xx=linspace(min(ncoor(:,1)),max(ncoor(:,1)),nx);
yy=linspace(min(ncoor(:,2)),max(ncoor(:,2)),ny);
zz=griddata(ncoor(:,1),ncoor(:,2),u,xx',yy);
contour(xx,yy,zz,64,'LevelList',0,'LineColor','r','LineWidth',1.2);
box on
%legend('解析解','有限元数值解');
```

7.5 算　例

7.5.1 问题描述

如图 7-2 所示，位于不透水层上的均质矩形坝，长度为 $L=0.5$m，高度为 $H=1.0$m，渗透系数为 $k=1.0$m/s。

模型坐标原点设置在左下角，模型计算范围：x 方向为 $0\sim0.5$m，y 方向为 $0\sim1.0$m。矩形坝的左端为已知水头边界（总水头为 1m），右端下半部为已知水头边界（总水头为 0.5m），右侧上半部为溢出边界，区域其余边界为不透水边界。计算网格共剖分了 2556 个节点，划分了 4900 个三角形单元，见图 7-3。

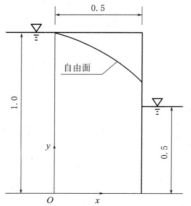

图 7-2　均质矩形坝的渗流示意图（单位：m）

7.5.2 计算结果

该算例浸润线坐标的解析解和数值解的对比见表 7－1 和图 7－4。可知，计算程序所求解与解析解吻合良好，两组结果对比的最大误差位于 $x=0.50$ m 的溢出点处，为 0.83%。

表 7－1 浸润线坐标的解析解和数值解对比

x	y（解析解）	y（有限元数值解）	误 差
0.00	1.000000	1.000000	0.00%
0.05	0.986242	0.985612	−0.06%
0.10	0.967625	0.967626	0.00%
0.15	0.945590	0.946043	0.05%
0.20	0.920382	0.920863	0.05%
0.25	0.891939	0.892086	0.02%
0.30	0.859969	0.859712	−0.03%
0.35	0.823876	0.823741	−0.02%
0.40	0.782493	0.784173	0.21%
0.45	0.733142	0.733813	0.09%
0.50	0.662382	0.667858	0.83%

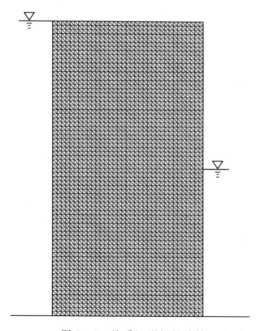

图 7－3 均质矩形坝的计算网格图

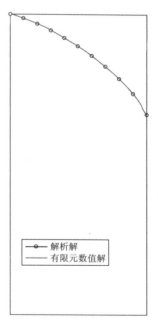

图 7－4 有限元数值解与解析解的
浸润线结果对比

第8章 渗流-应力耦合问题的有限元分析

8.1 渗流-应力耦合问题的控制方程

8.1.1 土-水混合物平衡方程

土-水混合物的平衡方程为

$$\sigma_{ij,j} + f_i = 0 \qquad (8-1)$$

式中：f_i 为体力向量在 x 和 y 方向的分量。

根据有效应力原理，土体的总应力等于有效应力与孔隙水压力之和：

$$\boldsymbol{\sigma} = \boldsymbol{\sigma}' + \boldsymbol{m}p \qquad (8-2)$$

式中，$\boldsymbol{m}$ 为一阶单位张量，代入式（8-1）后，可得如下展开形式：

$$\left.\begin{array}{l} \dfrac{\partial \sigma'_x}{\partial x} + \dfrac{\partial \tau_{xy}}{\partial y} + \dfrac{\partial p}{\partial x} = 0 \\[3mm] \dfrac{\partial \tau_{xy}}{\partial x} + \dfrac{\partial \sigma'_y}{\partial y} + \dfrac{\partial p}{\partial y} = 0 \end{array}\right\} \qquad (8-3)$$

8.1.2 渗流控制方程

1. 渗流的连续性方程

对于稳定渗流而言，假设孔隙水和土体颗粒均不可压缩，有

$$\nabla \cdot \boldsymbol{v} + \dot{\boldsymbol{\varepsilon}}_v = 0 \qquad (8-4)$$

式（8-4）的展开形式为

$$\frac{\partial v_x}{\partial x} + \frac{\partial v_y}{\partial y} + \dot{\varepsilon}_x + \dot{\varepsilon}_y = Q \qquad (8-5)$$

2. 达西定律

根据达西定律，渗流流速与水力梯度成正比，即

$$v = \frac{k_w}{\gamma_w}(\nabla p - \rho_w \boldsymbol{g}) \qquad (8-6\text{a})$$

式中：k_w 为渗透系数张量；γ_w 为水的容重；$\boldsymbol{g}$ 为重力加速度向量。

式（8-6a）的展开形式为

$$v_x = \frac{k_x}{\gamma_w}\frac{\partial p}{\partial x}; \quad v_y = \frac{k_y}{\gamma_w}\left(\frac{\partial p}{\partial y} - \gamma_w\right) \qquad (8-6\text{b})$$

渗流-应力耦合问题的边界条件包括固相和液相两部分，分别见第 5 章和第 7 章。

8.2 渗流-应力耦合问题的有限元求解格式

1. 空间离散

引入位移和孔隙水压力的形函数，以标准 Galerkin 法进行控制方程的离散，可得如下离散化计算格式：

$$\begin{bmatrix} \mathbf{0} & \mathbf{0} \\ \mathbf{L}^{\mathrm{T}} & \mathbf{0} \end{bmatrix} \begin{bmatrix} \dot{\mathbf{U}} \\ \dot{\mathbf{P}} \end{bmatrix} + \begin{bmatrix} \mathbf{K}_{ep} & \mathbf{L} \\ \mathbf{0} & \mathbf{H} \end{bmatrix} \begin{bmatrix} \mathbf{U} \\ \mathbf{P} \end{bmatrix} = \begin{bmatrix} \mathbf{F}^{\mathrm{ext}} \\ \mathbf{Q} \end{bmatrix} \tag{8-7}$$

其中

$$\mathbf{K}_{ep} = \int \mathbf{B}_u^{\mathrm{T}} \mathbf{D}_{ep} \mathbf{B}_u \, \mathrm{d}\Omega$$

$$\mathbf{L} = \int \mathbf{B}_u^{\mathrm{T}} \mathbf{m} \mathbf{N}_p \, \mathrm{d}\Omega$$

$$\mathbf{H} = -\int \mathbf{B}_p^{\mathrm{T}} \frac{\mathbf{k}}{\gamma_w} \mathbf{B}_p \, \mathrm{d}\Omega$$

式中：$\mathbf{F}^{\mathrm{ext}}$ 为外力向量；$\mathbf{Q}$ 为流量向量；$\mathbf{U}$ 为节点位移向量；$\mathbf{P}$ 为孔隙水压力向量；$\mathbf{N}_u$、$\mathbf{N}_p$ 分别为固相和液相单元的形函数；$\mathbf{B}_u$、$\mathbf{B}_p$ 分别为固相和液相单元的形函数梯度矩阵；$\mathbf{D}_{ep}$ 为弹塑性本构矩阵；$\mathbf{k}$ 为渗透系数矩阵。

需要指出的是，对于渗流-应力耦合分析，离散单元的选择需满足 Ladyzhenskaya - Babuska - Brezzi（LBB）稳定条件，否则会产生数值震荡，因此一般取固相单元比液相单元高一阶。本教材分别采用 6 节点三角形单元和 3 节点三角形单元对固相和液相进行离散。

2. 时间离散

采用向后差分法进行时间离散，其基本假定为

$$\left. \begin{array}{l} \dot{\mathbf{U}}_{\Delta t+t} = (\mathbf{U}_{\Delta t+t} - \mathbf{U}_t)/\Delta t \\ \dot{\mathbf{P}}_{\Delta t+t} = (\mathrm{P}_{\Delta t+t} - \mathbf{P}_t)/\Delta t \end{array} \right\} \tag{8-8}$$

式中：Δt 为时间步长。

对固相平衡方程采用率形式，并将式（8-8）引入式（8-7）中，可得如下增量形式的离散化计算格式：

$$\begin{bmatrix} \mathbf{K}_{ep} & \mathbf{L} \\ \mathbf{L}^{\mathrm{T}}/\Delta t & \mathbf{H} \end{bmatrix} \begin{bmatrix} \Delta \mathbf{U} \\ \Delta \mathbf{P} \end{bmatrix} = \begin{bmatrix} \Delta \mathbf{F}^{\mathrm{ext}} \\ \mathbf{Q} - \mathbf{H}\mathbf{P}_t \end{bmatrix} \tag{8-9}$$

3. 牛顿-拉夫逊（Newton - Raphson）迭代

对于非线性方程组的迭代求解，通常采用牛顿-拉夫逊算法，因此耦合系统的残差向量可由下式求得

$$\mathbf{R} = \begin{bmatrix} \mathbf{R}^s \\ \mathbf{R}^f \end{bmatrix} = \begin{bmatrix} \Delta \mathbf{F}^{\mathrm{ext}} - \Delta \mathbf{F}^{\mathrm{int}} - \mathbf{L}\Delta \mathbf{P} \\ \mathbf{Q}^{\mathrm{ext}} - \mathbf{Q}^{\mathrm{int}} - \mathbf{L}^{\mathrm{T}}\Delta \mathbf{U}/\Delta t \end{bmatrix} \tag{8-10}$$

通过线性化式（8-10）中所定义的残差向量，可得如下牛顿-拉夫逊迭代格式：

$$\begin{bmatrix} \boldsymbol{K}_{ep} & \boldsymbol{L} \\ \boldsymbol{L}^{\mathrm{T}}/\Delta t & \boldsymbol{H} \end{bmatrix} \begin{bmatrix} \delta \boldsymbol{U} \\ \delta \boldsymbol{P} \end{bmatrix} = \begin{bmatrix} \Delta \boldsymbol{F}^{\mathrm{ext}} - \Delta \boldsymbol{F}^{\mathrm{int}} - \boldsymbol{L}\Delta \boldsymbol{P} \\ \boldsymbol{Q}^{\mathrm{ext}} - \boldsymbol{Q}^{\mathrm{int}} - \boldsymbol{L}^{\mathrm{T}}\Delta \boldsymbol{U}/\Delta t \end{bmatrix} \tag{8-11}$$

迭代更新流程为

$$\delta \boldsymbol{X}^i = \boldsymbol{R}\ (\boldsymbol{X}_{t+\Delta t}^{i-1})\ \hat{\boldsymbol{K}}^{i-1}$$

$$\Delta \boldsymbol{X}^i = \Delta \boldsymbol{X}^{i-1} + \delta \boldsymbol{X}^i$$

$$\boldsymbol{X}_{t+\Delta t}^i = \boldsymbol{X}_t + \Delta \boldsymbol{X}^i \tag{8-12}$$

式中，$\hat{\boldsymbol{K}} = \begin{bmatrix} \boldsymbol{K}_{ep} & \boldsymbol{L} \\ \boldsymbol{L}^{\mathrm{T}}/\Delta t & \boldsymbol{H} \end{bmatrix}$ 为有效刚度矩阵，$\boldsymbol{X} = \begin{bmatrix} \boldsymbol{U} \\ \boldsymbol{P} \end{bmatrix}$。

在某一时间步的迭代过程中，对位移 $\boldsymbol{U}$ 和孔隙水压力 $\boldsymbol{P}$ 进行不断更新。如残差向量 $\boldsymbol{R}(\boldsymbol{X}_{t+\Delta t}^i)$ 小于给定收敛精度，则迭代过程结束。

8.3　计　算　程　序

8.3.1　渗流-应力耦合问题有限元分析的计算过程

1. 前处理

（1）定义问题域的几何形体，包括问题域形状尺寸及网格尺寸大小等。

（2）生成有限元节点及单元。

（3）设置计算的基本参数与力学参数。

（4）设置边界条件，包括固相和液相的边界条件。

程序 8-1　　　　　　　　　　　　　　　solve _ couple

```
idof=0;
for in=1:par. node_cnt
    if in ≤ par. vertex_node_cnt
        node(in). dof(1)=idof+1;
        node(in). dof(2)=idof+2;
        node(in). dof(3)=idof+3;
        idof=idof + 3;
    else
        node(in). dof(1)=idof+1;
        node(in). dof(2)=idof+2;
        idof=idof + 2;
    end
end
```

```
par. dof_cnt=idof;
u=zeros(par. dof_cnt,1);
for in=1:par. vertex_node_cnt
    u(node(in). dof(3))=node(in). pressure;
end
du=zeros(par. dof_cnt,1);
for in=1:par. node_cnt
    du(node(in). dof(1))=node(in). velocity(1);
    du(node(in). dof(2))=node(in). velocity(2);
end
curtime=0;
par. istep=0;
ntotalit=0;
record=0;
while curtime <par. totaltime + 1. e-12
    curtime
    par. istep=par. istep+1;
    cnt_ak=2e7;
    aki=zeros(cnt_ak,1);
    akj=zeros(cnt_ak,1);
    akv=zeros(cnt_ak,1);
    ak_cnt=0;
    [element,aki,akj,akv,ak_cnt]=get_element_bee_k(par,element,node,aki,akj,akv,ak_cnt);
    [element,aki,akj,akv,ak_cnt]=get_element_H(par,element,node,aki,akj,akv,ak_cnt);
    [element,aki,akj,akv,ak_cnt]=get_element_L(par,element,node,aki,akj,akv,ak_cnt);
    ak=sparse(aki(1:ak_cnt),akj(1:ak_cnt),akv(1:ak_cnt));
    par. maxak=max(akv);
    ifexit=0;
    par. idd=0;
    u0=u;
    du0=du;
    delta_u=zeros(par. dof_cnt,1);
    u=u0 + delta_u;
    du=(u-u0)/par. dtime;
    while ifexit<0. 5
        par. idd=par. idd+1;
```

```
    F_ext=get_fext(par,node);
    Q_ext=get_qext(par,element,node);
    [F_int,element]=get_fint(par,element,node,delta_u);
    Q_int=get_qint(par,element,node,u);
    Q_couple=get_qcouple(par,element,node,du);
    F_couple=get_fcouple(par,element,node,u);
    force=F_ext + Q_ext - (F_int + Q_int + Q_couple + F_couple);
    for in=1:par.node_cnt
        for idim=1:2
            if node(in).boundary_type(idim)==1
                curdof=node(in).dof(idim);
                ak(curdof,curdof)=par.maxak * 1e9;
                value=par.maxak * 1e9 * …
                node(in).boundary_value(idim) * par.dtime;
                if par.idd > 1.5
                    value=0;
                end
                force(curdof,1)=value;
            end
        end
    end
    for in=1:par.vertex_node_cnt
        if node(in).boundary_type_f==0
            curdof=node(in).dof(3);
            ak(curdof,curdof)=par.maxak * 1e9;
            value=par.maxak * 1e9 * node(in).boundary_value_f;
            if par.istep> 1.5 || par.idd>1.5
                value=0;
            end
            force(curdof,1)=value;
        end
    end
    d_delta_u=ak\force;
    delta_u=delta_u + d_delta_u;
    u=u0 + delta_u;
    du=(u-u0)/par.dtime;
    if par.idd>1.5
        [ifexit,error_dis,error_pres]=getifexit(par,node,d_delta_u,u);
        disp(['displacement error:',num2str(error_dis),',pressure error:',num2str(error_pres)]);
```

```
        end
        if par. idd＞par. maxNIter＋0. 5,ifexit＝1; end
        ntotalit＝ntotalit＋1;
    end
    curtime＝curtime ＋ par. dtime;
    for in＝1:par. node_cnt
        node(in). ddisp(1)＝delta_u(node(in). dof(1));
        node(in). ddisp(2)＝delta_u(node(in). dof(2));
        node(in). disp(1)＝u(node(in). dof(1));
        node(in). disp(2)＝u(node(in). dof(2));
    end
    for in＝1: par. vertex_node_cnt
        node(in). pressure＝u(node(in). dof(3));
    end
    for ie＝1:par. element_cnt
        for igs＝1:3
            element(ie). stress0(:,igs)  ＝element(ie). stress(:,igs);
            element(ie). pstrain0(:,igs)  ＝element(ie). pstrain(:,igs);
        end
    end
    for ii＝1:length(monitor_node)
        record(par. istep,ii)＝node(monitor_node(ii)). pressure;
    end
end
```

2. 有限元计算

（1）计算所有节点的自由度编号。

（2）节点位移、孔压初始化。

（3）对时间步进行循环。

（4）形成固相整体刚度矩阵。

（5）形成液相整体刚度矩阵。

（6）形成耦合项整体刚度矩阵。

（7）初始化节点位移、孔压增量。

（8）进入牛顿迭代。

（9）根据问题计算固相的外力边界 F^{ext} 和液相的流量边界 Q^{ext}。

（10）计算固相的内力 F^{int} 及液相的 Q^{int}。

（11）计算体积变形引起的耦合流量 Q^{couple} 和渗透引起的体积力 F^{couple}。

（12）计算残差 $(F^{\text{ext}}+Q^{\text{ext}}-(F^{\text{int}}+Q^{\text{int}}+Q^{\text{couple}}+F^{\text{couple}}))$，并施加本质边界条件。

（13）解方程求得位移及孔压增量。

（14）判断牛顿迭代是否收敛，若计算不收敛则返回步骤（8）继续迭代计算，否则退出迭代。

（15）更新节点位移、单元应力、节点孔压后，返回步骤（3）进入下一时间步的计算。

（16）完成全部时间步计算后，退出程序。

程序 8 - 2　　　　　　　　　　　　　　　get _ element _ bee _ k

```
function[element,aki,akj,akv,ak_cnt]=get_element_bee_k(par,element,node,aki,akj,akv,ak_cnt)

for ie=1:par. element_cnt
    mat=element(ie). mat;
    E=par. mat_props(mat,1);
    v=par. mat_props(mat,2);
    dee=getdee(E,v);
    nodeID=element(ie). nodeID;
    x=zeros(6,2);
    for t=1:6
        x(t,:)=node(nodeID(t)). coor;
    end
    k=zeros(12,12);
    xi=[0.5 0 0.5];
    eta=[0.5 0.5 0];
    for igs=1:3
        cur_xi=xi(igs);
        cur_eta=eta(igs);
        matrix_j=zeros(2,6);
        matrix_j(1,1)=4 * cur_xi-1;
        matrix_j(1,2)=0;
        matrix_j(1,3)=4 * cur_xi+4 * cur_eta-3;
        matrix_j(1,4)=4 * cur_eta;
        matrix_j(1,5)=-4 * cur_eta;
        matrix_j(1,6)=-8 * cur_xi-4 * cur_eta+4;
        matrix_j(2,1)=0;
        matrix_j(2,2)=4 * cur_eta-1;
        matrix_j(2,3)=4 * cur_xi+4 * cur_eta-3;
        matrix_j(2,4)=4 * cur_xi;
        matrix_j(2,5)=-8 * cur_eta-4 * cur_xi+4;
        matrix_j(2,6)=-4 * cur_xi;
        jacob=matrix_j * x;
        detjacob=jacob(1,1) * jacob(2,2)-jacob(1,2) * jacob(2,1);
        inv_jacob=zeros(2,2);
```

```
if(abs(detjacob)>1e-12)
    inv_jacob(1,1)=jacob(2,2)/detjacob;
    inv_jacob(1,2)=-jacob(1,2)/detjacob;
    inv_jacob(2,1)=-jacob(2,1)/detjacob;
    inv_jacob(2,2)=jacob(1,1)/detjacob;
end
dN=inv_jacob * matrix_j;
bee=zeros(4,12);
for j=1:6
    cur_dNdx=dN(1,j);
    cur_dNdy=dN(2,j);
    bee(1,1+(j-1) * 2)=cur_dNdx;
    bee(2,2+(j-1) * 2)=cur_dNdy;
    bee(3,1+(j-1) * 2)=cur_dNdy;
    bee(3,2+(j-1) * 2)=cur_dNdx;
end
k=k+bee' * dee * bee * detjacob * 0.1666666666666666;
element(ie).B(:,:,igs)=bee;
element(ie).detjacob(1,igs)=detjacob;
end
e_dof=zeros(1,12);
for t=1:6
    e_dof(1+(t-1) * 2)=node(nodeID(t)).dof(1);
    e_dof(2+(t-1) * 2)=node(nodeID(t)).dof(2);
end
for m=1:12
    for n=1:12
        ak_cnt=ak_cnt+1;
        aki(ak_cnt)=e_dof(m);
        akj(ak_cnt)=e_dof(n);
        akv(ak_cnt)=k(m,n);
    end
end
end
```

3. 后处理

提取需要的计算结果，并绘图对计算结果进行可视化。

渗流-应力耦合问题有限元分析的计算流程图如图 8-1 所示。

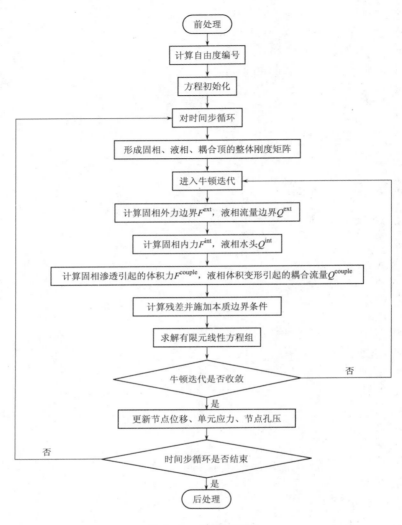

图 8-1　计算流程图

8.3.2　渗流-应力耦合问题有限元分析的主要计算程序

1. 子程序 solve_couple

源代码位置：程序 8-1。

功能：渗流-应力耦合问题有限元分析的核心计算程序。

2. 子程序 get_element_bee_k

源代码位置：程序 8-2。

功能：对所有单元进行循环，计算单元固相刚度矩阵。

3. 子程序 get_element_L

源代码位置：程序 8-3。

功能：对所有单元进行循环，计算单元耦合刚度矩阵。

程序 8 - 3   **get _ element _ L**

```
function [element,aki,akj,akv,ak_cnt]=get_element_L(par,element,node,aki,akj,akv,ak_cnt)

for ie=1:par. element_cnt
    nodeID=element(ie). nodeID;
    L=zeros(12,3);
    m=[1 1 0 1]';
    Np=[0,0.5,0.5;…
        0.5,0,0.5;…
        0.5,0.5,0];
    for igs=1:3
        bee=element(ie). B(:,:,igs);
        detjacob=element(ie). detjacob(1,igs);
        L=L + bee' * m * Np(igs,:) * detjacob * 0.1666666666666666;
    end
    element(ie). L=L;
    e_dof_solid=zeros(1,12);
    for t=1:6
        e_dof_solid(1+(t-1) * 2)=node(nodeID(t)). dof(1);
        e_dof_solid(2+(t-1) * 2)=node(nodeID(t)). dof(2);
    end
    e_dof_fluid=zeros(1,3);
    for t=1:3
        e_dof_fluid(t)=node(nodeID(t)). dof(3);
    end
    for m=1:12
        for n=1:3
            ak_cnt=ak_cnt+1;
            aki(ak_cnt)=e_dof_solid(m);
            akj(ak_cnt)=e_dof_fluid(n);
            akv(ak_cnt)=L(m,n);
        end
    end
    Lp=L';
    for m=1:3
        for n=1:12
            ak_cnt=ak_cnt+1;
            aki(ak_cnt)=e_dof_fluid(m);
            akj(ak_cnt)=e_dof_solid(n);
            akv(ak_cnt)=Lp(m,n)/par. dtime;
        end
    end
end
```

4. 子程序 get_fint

源代码位置：程序 8-4。

功能：对所有单元进行循环，计算问题域固相内力向量。

程序 8-4　　　　　　　　　　　　　　　　get_fint

```
function[F_int,element]=get_fint(par,element,node,delta_u)

F_int=zeros(par.dof_cnt,1);
for ie=1:par.element_cnt
    nodeID=element(ie).nodeID;
    edof=zeros(12,1);
    for t=1:6
        edof(1+(t-1)*2)=node(nodeID(t)).dof(1);
        edof(2+(t-1)*2)=node(nodeID(t)).dof(2);
    end
    ddisp=delta_u(edof,1);
    mat=element(ie).mat;
    E=par.mat_props(mat,1);
    v=par.mat_props(mat,2);
    fint=zeros(12,1);
    for igs=1:3
        cur_stress=element(ie).stress0(:,igs);
        bee=element(ie).B(:,:,igs);
        dstrain=bee*ddisp;
        dee=getdee(E,v);
        stress=cur_stress+dee*dstrain;

        fint=fint+bee'*stress*element(ie).detjacob(igs)*…
        0.1666666666666666;
        element(ie).stress(:,igs)=stress;
    end
    for t=1:12
        F_int(edof(t))=  F_int(edof(t))+fint(t);
    end
end
end
```

5. 子程序 get_qcouple

源代码位置：程序 8-5。

功能：对所有单元进行循环，计算体积变形引起的耦合流量。

程序 8 - 5　　　　　　　　　　　　　　　　　　get _ qcouple

```
function Q_couple=get_qcouple(par,element,node,du)

Q_couple=zeros(par. dof_cnt,1);
for ie=1:par. element_cnt
  L=element(ie). L;
  Lp=L';
  nodeID=element(ie). nodeID;
  edof_solid=zeros(12,1);
  for t=1:6
        edof_solid(1+(t-1) * 2)=node(nodeID(t)). dof(1);
        edof_solid(2+(t-1) * 2)=node(nodeID(t)). dof(2);
  end
  q_couple=Lp * du(edof_solid,1);
  edof_fluid=zeros(3,1);
  for t=1:3
        edof_fluid(t)=node(nodeID(t)). dof(3);
        Q_couple(edof_fluid(t))=Q_couple(edof_fluid(t))+q_couple(t);
  end
end
end
```

6. 子程序 get _ fcouple

源代码位置：程序 8 - 6。

功能：对所有单元进行循环，计算渗透引起的体积力。

程序 8 - 6　　　　　　　　　　　　　　　　　　get _ fcouple

```
function F_couple=get_fcouple(par,element,node,u)

F_couple=zeros(par. dof_cnt,1);
for ie=1:par. element_cnt
    L=element(ie). L;
    nodeID=element(ie). nodeID;
    edof_fluid=zeros(3,1);
    for t=1:3
        edof_fluid(t)=node(nodeID(t)). dof(3);
    end
    pressure=u(edof_fluid,1);
    f_couple=L * pressure;
    edof_solid=zeros(12,1);
    for t=1:6
        edof_solid(1+(t-1) * 2)=node(nodeID(t)). dof(1);
        edof_solid(2+(t-1) * 2)=node(nodeID(t)). dof(2);
```

```
            end
        for t=1:12
                F_couple(edof_solid(t))=F_couple(edof_solid(t))+f_couple(t);
        end
    end
end
```

7. 子程序 getifexit

源代码位置：程序 8-7。

功能：根据计算精度，分别计算固相及液相的收敛误差，判断程序迭代的收敛性。

程序 8-7　　　　　　　　　　　　　　　　**getifexit**

```
function[ifexit,error_dis,error_pres]=getifexit(par,node,d_delta_u,u)

ifexit=0;
u0_raw=zeros(par.node_cnt,2);
u_raw=zeros(par.node_cnt,2);
p0=zeros(par.vertex_node_cnt,1);
p=zeros(par.vertex_node_cnt,1);
for in=1:par.node_cnt
    u01=d_delta_u(node(in).dof(1));
    u02=d_delta_u(node(in).dof(2));
    curu0=[u01,u02];
    u0_raw(in,:)=curu0;
    u1=u(node(in).dof(1));
    u2=u(node(in).dof(2));
    curu=[u1,u2];
    u_raw(in,:)=curu;
end
for in=1:par.vertex_node_cnt
    p0(in)=d_delta_u(node(in).dof(3));
    p(in)=u(node(in).dof(3));
end
u0=[u0_raw(:,1);u0_raw(:,2)];
u=[u_raw(:,1);u_raw(:,2)];
if norm(u,2)<1.e-6
    if norm(u0,2)<1.e-6
        error_dis=0;
    else
        error_dis=1;
    end
else
    error_dis=norm(u0,2)/norm(u,2);
end
```

```
if norm(p,2)<1.e-3
    if norm(p0,2)<1.e-3
        error_pres=0;
    else
        error_pres=1;
    end
else
    error_pres=norm(p0,2)/norm(p,2);
end
error=max(error_dis,error_pres);
if error<par.converge_solid
    ifexit=1;
end
end
```

8. 子程序 boundary _ force

源代码位置：程序 8 - 8。

功能：对所有单元进行循环，对单元边界施加荷载。

程序 8 - 8　　　　　　　　　　　　　　　　　　　　**boundary _ force**

```
function node=boundary_force(par,node,element,inip)

tol=1.e-3;
a1=0.1666666666666;a2=0.1666666666666;a3=0.666666666666;
ylength=par.ylength;
for ie=1:par.element_cnt
    curn1=element(ie).nodeID(1);
    curn2=element(ie).nodeID(2);
    curn3=element(ie).nodeID(3);
    curn4=element(ie).nodeID(4);
    curn5=element(ie).nodeID(5);
    curn6=element(ie).nodeID(6);
    if(node(curn1).coor(2)>ylength-tol && node(curn2).coor(2)>ylength-tol)
        esize=abs(node(curn1).coor(1)-node(curn2).coor(1));
        node(curn1).boundary_value(2)=node(curn1).boundary_value(2)+…
        esize*inip*a1;
        node(curn2).boundary_value(2)=node(curn2).boundary_value(2)+…
        esize*inip*a2;
        node(curn4).boundary_value(2)=node(curn4).boundary_value(2)+…
        esize*inip*a3;
        node(curn1).boundary_type(2)=3;
        node(curn2).boundary_type(2)=3;
        node(curn4).boundary_type(2)=3;
    end
```

```
    if(node(curn2). coor(2)>ylength－tol && node(curn3). coor(2)>ylength－tol)
        esize＝abs(node(curn2). coor(1)－node(curn3). coor(1));
        node(curn2). boundary_value(2)＝node(curn2). boundary_value(2)＋…
        esize * inip * a1;
        node(curn3). boundary_value(2)＝node(curn3). boundary_value(2)＋…
        esize * inip * a2;
        node(curn5). boundary_value(2)＝node(curn5). boundary_value(2)＋…
        esize * inip * a3;
        node(curn2). boundary_type(2)＝3;
        node(curn3). boundary_type(2)＝3;
        node(curn5). boundary_type(2)＝3;
    end

    if(node(curn3). coor(2)>ylength－tol && node(curn1). coor(2)>ylength－tol)
        esize＝abs(node(curn3). coor(1)－node(curn1). coor(1));
        node(curn3). boundary_value(2)＝node(curn3). boundary_value(2)＋…
        esize * inip * a1;
        node(curn1). boundary_value(2)＝node(curn1). boundary_value(2)＋…
        esize * inip * a2;
        node(curn6). boundary_value(2)＝node(curn6). boundary_value(2)＋…
        esize * inip * a3;
        node(curn3). boundary_type(2)＝3;
        node(curn1). boundary_type(2)＝3;
        node(curn6). boundary_type(2)＝3;
    end
end
end
```

9. 子程序 mesh3to6

源代码位置：程序 8-9。

功能：根据问题域，从 3 节点网格生成 6 节点网格。

程序 8-9　　　　　　　　　　　**mesh3to6**

```
function[mesh_6node,ncoorpp,cnt]＝mesh3to6(par,tri,ncoor)

cnt＝par. vertex_node_cnt;
ncoorp＝zeros(par. vertex_node_cnt * 4,2);
ncoorp(1:par. vertex_node_cnt,:)＝ncoor(1:par. vertex_node_cnt,:);
mesh_6node＝zeros(par. element_cnt,6);
tol＝1e－6;
for ie＝1:par. element_cnt
    curcoor＝ncoor(tri(ie,:),:);
    curxy1＝(curcoor(1,:)＋curcoor(2,:))/2.;
    ifexist＝0;
```

```
for j=1:cnt
    curxy2=ncoorp(j,:);
    dis=(abs(curxy1(1)-curxy2(1))^2+abs(curxy1(2)-curxy2(2))^2)^0.5;
    if dis<tol
        ifexist=1;
        point=j;
    end
end
if ifexist>0.5
    p4=point;
else
    cnt=cnt+1;
    ncoorp(cnt,:)=curxy1;
    p4=cnt;
end


curxy1=(curcoor(2,:)+curcoor(3,:))/2.;
ifexist=0;
for j=1:cnt
    curxy2=ncoorp(j,:);
    dis=(abs(curxy1(1)-curxy2(1))^2+abs(curxy1(2)-curxy2(2))^2)^0.5;
    if dis<tol
        ifexist=1;
        point=j;
    end
end
if ifexist>0.5
    p5=point;
else
    cnt=cnt+1;
    ncoorp(cnt,:)=curxy1;
    p5=cnt;
end


curxy1=(curcoor(3,:)+curcoor(1,:))/2.;
ifexist=0;
for j=1:cnt
    curxy2=ncoorp(j,:);
    dis=(abs(curxy1(1)-curxy2(1))^2+abs(curxy1(2)-curxy2(2))^2)^0.5;
    if dis<tol
        ifexist=1;
        point=j;
    end
end
end
```

```
    if ifexist>0. 5
        p6=point;
    else
        cnt=cnt+1;
        ncoorp(cnt,:)=curxy1;
        p6=cnt;
    end
    mesh_6node(ie,:)=[tri(ie,:)p4 p5 p6];
end
ncoorpp=ncoorp(1:cnt,:);
end
```

10. 主程序 main _ 1Dconsolidation

源代码位置：程序 8 - 10。

功能：第 8.4 节中一维饱和砂柱固结问题的计算主程序。

程序 8 - 10　　　　　　　　　　　　　　**main _ 1Dconsolidation**

```
clc,clear,tic
% 前处理
par. maxNIter=100;
par. converge_solid=0. 001;
par. converge_fluid=0. 001;
par. gravity_solid=[0.0.];
par. gravity_fluid=[0.0.];
par. totaltime=1. ;
par. dtime=0. 01;
par. noutput=10;
mat_props=1;
par. mat_props=[10. e6 0. 1. e-3];
par. xlength=0. 1;
par. ylength=1. 0;
nx=6;
ny=60;
spacex=par. xlength/nx;
spacey=par. ylength/ny;
[meshX,meshY]=meshgrid(0:spacex:par. xlength,0:spacey:par. ylength);
count=0;
for i=1:size(meshX,1)
    for j=1:size(meshX,2)
        count=count+1;
        ncoor(count,1)=meshX(i,j);
        ncoor(count,2)=meshY(i,j);
    end
end
```

```
par. vertex_node_cnt=count;
tri=delaunay(ncoor(:,1),ncoor(:,2));
par. element_cnt=size(tri,1);
[mesh_6node,ncoor,par. node_cnt]=mesh3to6(par,tri,ncoor);
for in=1:par. node_cnt
    node(in). coor=ncoor(in,:);
    node(in). pressure=0.;
    node(in). velocity=[0. 0.];
    node(in). boundary_type=[-1 -1];
    node(in). boundary_value=[0. 0.];
    node(in). boundary_type_f=-1;
    node(in). boundary_value_f=0.;
    node(in). disp=[0. 0.];
    node(in). ddisp=[0. 0.];
end
for ie=1:par. element_cnt
    element(ie). mat=mat_props;
    element(ie). nodeID=mesh_6node(ie,:);
    element(ie). B=zeros(4,12,3);
    element(ie). Bp=zeros(2,3);
    element(ie). H=zeros(3,3);
    element(ie). L=zeros(12,3);
    element(ie). detjacob=zeros(1,3);
    element(ie). A=0.;
    element(ie). stress=zeros(4,3);
    element(ie). stress0=zeros(4,3);
    element(ie). pstrain=zeros(4,3);
    element(ie). pstrain0=zeros(4,3);
end
tol=1. e-3;
for in=1:par. node_cnt
    if node(in). coor(1,2)<tol
        node(in). boundary_type(1,1)=1;
        node(in). boundary_value(1,1)=0;
        node(in). boundary_type(1,2)=1;
        node(in). boundary_value(1,2)=0;
    elseif  node(in). coor(1)>par. xlength-tol ||  node(in). coor(1)<tol
        node(in). boundary_type(1,1)=1;
        node(in). boundary_value(1,1)=0;
    end
    if in<=par. vertex_node_cnt
        if node(in). coor(1,2)>par. ylength-tol
            node(in). boundary_type_f=0;
            node(in). boundary_value_f=0;
        end
```

```
            end
    end
    inip=-10. e3;
    node=boundary_force(par,node,element,inip);
    ntarnode=0;
    for in=1:par. node_cnt
        if abs(ncoor(in,1)-par. xlength/2. )<1. e-10 %中轴线节点
            ntarnode=ntarnode+1;
            tarnode(ntarnode,1)=in;
        end
    end
    xx=ncoor(tarnode,2);
    monitor_node=tarnode;
    solve_couple
    toc
    allt=[0. 05 0. 1 0. 2 0. 5 1. 0];
    for t=1:5
        curt=allt(t);
        curstep=curt/par. dtime;
        ay=zeros(ntarnode,1);
        for j=1:ntarnode
            yy(j,1)=record(curstep,j);
            z=xx(j)-1;
            q=10000;
            value=0;
            for n=0:10000
                value=value+4*q/pi*1/(2*n+1)*sin((2*n+1)*pi* z/2)*…
                    exp(-(n+0. 5)^2*pi^2*curt);
            end
            ay(j,1)=value;
        end
        allyy{t}=yy;
        allay{t}=ay;
    end
    ngamma=10. e3;
    figure
    hold on
    plot(xx,allyy{1}/-ngamma(1,1),'-r')
    plot(xx,allay{1}/-ngamma(1,1),'o')
    plot(xx,allyy{2}/-ngamma(1,1),'-r')
    plot(xx,allay{2}/-ngamma(1,1),'o')
    plot(xx,allyy{3}/-ngamma(1,1),'-r')
    plot(xx,allay{3}/-ngamma(1,1),'o')
    plot(xx,allyy{4}/-ngamma(1,1),'-r')
```

```
plot(xx,allay{4}/-ngamma(1,1),'o')
plot(xx,allyy{5}/-ngamma(1,1),'-r')
plot(xx,allay{5}/-ngamma(1,1),'o')

legend('Numerical Solution','Analytical Solution');
box on;axis([0. 1. 0 1. ]);
xlabel('Height(m)');ylabel('Pore water pressure head(m)');
grid on
```

　　程序 8-1 中所涉及的固相外力计算子程序，可查看程序 5-4；液相渗流计算子程序，可查看程序 7-2～程序 7-4。

8.4　算　　例

8.4.1　问题描述

　　采用太沙基一维饱和土柱固结问题对渗流-应力耦合程序进行验证。该问题几何尺寸如图 8-2 所示，土柱宽度 $W=0.1$m、高度 $H=1.0$m。材料参数如下：弹性模量 $E=10$MPa，泊松比 $\nu=0.0$，渗透系数 $k=1.0\times10^{-3}$m/s，饱和土容重 $\gamma_s=26.5$kN/m³，水的容重 $\gamma_w=10$kN/m³。忽略固相土柱和孔隙水的重力，整个问题域的初始有效应力和初始孔压设置为零。

　　模型坐标原点设置在土柱左下角，模型计算范围：x 方向为 $0\sim0.1$m，y 方向为 $0\sim1.0$m。土柱的左右两侧边界法向约束，底部边界固定完全约束。顶部边界设定为排水边界，其余边界为不透水边界。土柱顶部施加向下的均布荷载 $q=10$kPa。分别采用 6 节点三角形单元和 3 节点三角形单元对固相和液相进行离散，计算网格共剖分了 720 个单元，1573 个固相节点，427 个液相节点，见图 8-2。

　　根据太沙基固结理论，超孔隙压力 $p(T_v,z)$ 在土柱高度上的演变可通过以下公式计算：

$$p(T_v,z)=\frac{4q}{\pi}\sum_{m=0}^{m=\infty}\frac{1}{2m+1}\sin\left[\frac{(2m+1)\pi z}{2H}\right]\mathrm{e}^{\frac{(2m+1)^2\pi^2}{4}T_v}$$

(8-13a)

　　其中
$$T_v=\frac{c_v t}{H^2}$$
(8-13b)

$$c_v=\frac{kE(1-v)}{\gamma_w(1+v)(1-2v)}$$
(8-13c)

式中：z 为土柱在高度方向的坐标位置；T_v 为

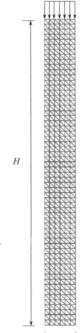

图 8-2　一维饱和砂柱固结问题计算网格

顶部节点：
固相自由，液相透水

两侧节点：
固相法向约束，液相不透水

底部节点：
固相完全约束，液相不透水

无量纲的时间系数；c_v 为固结系数。

8.4.2　计算结果

利用本章的程序，模拟了总时间为 $t=1\mathrm{s}$ 的固结过程。将不同时间因素 T_v 下的孔隙水压力与高度的关系与分析结果进行比较，见图 8-3。数值计算结果与解析解吻合良好。

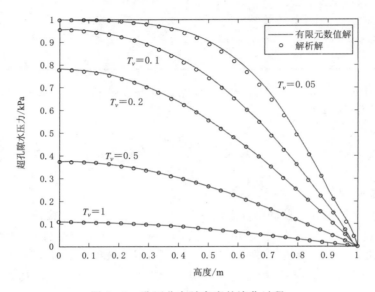

图 8-3　孔压分布随高度的演化过程

参 考 文 献

［1］ Smith I M，Griffiths D. V. Programming the Finite Element Method ［M］. Fourth Edition. John Wiley & Sons Ltd，2005.

［2］ Potts D M. Finite element analysis in Geotechnical Engineering ［M］. Thomas Telford，1999.

［3］ 朱伯芳. 有限单元法原理与应用 ［M］. 2 版. 北京：中国水利水电出版社，1998.

［4］ 王勖成. 有限单元法 ［M］. 北京：清华大学出版社，2003.

［5］ 库克. 有限元分析的概念与应用 ［M］. 西安：西安交通大学出版社，2007.

［6］ 李广信. 高等土力学 ［M］. 北京：清华大学出版社

［7］ 陈明祥. 弹塑性力学 ［M］. 北京：科学出版社，2007.

［8］ 杨伯源. 工程弹塑性力学 ［M］. 天津：天津大学出版社，2003.

［9］ 陈惠发，余天庆. 弹性与塑性力学 ［M］. 北京：中国建筑工业出版社，2004.

［10］ 李杰，吴建营，陈建兵. 混凝土随机损伤力学 ［M］. 北京：科学出版社，2014.

［11］ Zhang Xiong，Chen Zhen，Liu Yan. The Material Point Method：A Continuum – Based Particle Method for Extreme Loading Cases ［M］. Tsinghua University Press Limited，Published by Elsevier Inc，2017.

［12］ Zhang Wei，Yuan Weihai，Dai Beibing. Smoothed Particle Finite – Element Method for Large – Deformation Problems in Geomechanics ［J］. International Journal of Geomechanics，2018，18 (4)：04018010.